普天之下・盡是好書

普天出版家族
Popular Press Family

凌雲文創
A-Plus Creative Company

The Art of War

Thick Black Theory is a philosophical treatise written by Li Zongwu, a disgruntled politician and scholar born at the end of Qing dynasty. It was published in China in 1911, the year of the Xinhai revolution, when the Qing dynasty was overthrown.

The Art of War

孫子兵法

活用兵法智慧，才能為自己創造更多機

完全使用手冊

其疾如風

《孫子兵法》強調：

「古之所謂善戰者，勝於易勝者也；
故善戰者之勝也，無智名，無勇功。」

確實如此，善於作戰的人，總是能夠運用計謀，
抓住敵人的弱點發動攻勢，用不著大費周章就可輕而易舉取勝。
活在競爭激烈的現實社會，唯有靈活運用智慧，
才能為自己創造更多機會，想在各種戰場上克敵制勝，
《孫子兵法》絕對是你必須熟讀的人生智慧寶典。

聰明人必須根據不同的情勢，採取相應的對戰謀略，
不管伸縮、進退，都應該進行客觀的評估，如此才能獲得勝利。
千萬不要錯估形勢，讓自己一敗塗地。

Thick Black Theory is a philosophical treatise written by Li Zongwu, a disgruntled politician and scholar born at the end of Qing dynasty. It was published in China in 1911, the year of the Xinhai revolution, when the Qing dynasty was overthrown.

左逢源

【出版序】

兵學聖典《孫子兵法》

兵學家們學習《孫子兵法》，得以步入軍事學的寶庫；軍事家們學習它，得以領悟制勝之術，政治家們學習它，得以點燃起智慧的聖光。

誕生於二五〇〇年前的不朽名著《孫子兵法》，是中國古代兵學的傑出代表。深邃閎廓的軍事哲理思想、體大思精的軍事理論體系，以及歷代雄傑賢俊對其研究的豐碩成果，對後世產生了極其深遠的影響，被尊爲「兵學聖典」、「百世兵家之師」。時至今日，《孫子兵法》的影響力早已跨越時空，超出國界，在全世界廣爲流傳，榮膺「世界古代第一兵書」的雅譽。

《孫子兵法》的問世，標誌著獨立的軍事理論著作從此誕生，比色諾芬（西元前四〇三年～西元前三五五年）的號稱古希臘第一部軍事理論專著《長征記》要早一百多年。至於古羅馬軍事理論家弗龍廷（約三五年～一〇三年）的《謀略例說》、韋格蒂烏斯（四世紀末）的《軍事簡述》，更是遠在其後。

《孫子兵法》不但成書時間早，而且在軍事理論十分成熟、完備，幾乎涉及了軍事科學的各個門類，以從戰略理論的高度論述戰爭問題而著稱，是一部涵蓋戰爭發展規律的傑作。書中充滿著對睿智聰穎的讚揚，飽含了對昏聵愚昧的鞭撻，顯露出對窮兵黷武的警告，貫穿著對軍事哲理的探索，充分展現了「一代兵聖」孫武的遠見卓識和創造天賦。

該書中許多名言、警句揭示了戰爭的藝術規律，有著極其豐富的思想內涵。歷史上許多軍事家、著名統帥、政治家和思想家都曾得益於這部曠世奇書。兵學家們學習《孫子兵法》，得以步入軍事學的寶庫；軍事家們學習它，得以領悟制勝之術，政治家們學習它，得以點燃起智慧的聖光。直到今天，《孫子兵法》的許多精髓依然閃耀著眞理的光芒。

《孫子兵法》作爲中國古代兵書的集大成之作，是對中國古代軍事智慧的高度總結，具有承先啓後的重大意義。此後兩千多年裡，凡兵學家研究軍事問題，軍事家指揮軍隊作戰，莫不以《孫子兵法》爲圭臬。

自《孫子兵法》誕生以後，兵學立刻成了一門「顯學」，與儒、道、法、墨諸家並駕齊驅。戰國時期，群雄割據，戰爭頻繁，談兵論戰的人很多，大都是從《孫子兵法》中尋找依據。

《韓非子．五蠹》說：「境內皆言兵，藏孫、吳之書者家有之。」

《呂氏春秋．上德》中也說：「闔閭之教，孫、吳之兵，不能當矣。」

「孫」即孫子，「吳」是吳起，兩人都是傑出的軍事理論家和將領，後來齊國的著名軍事家孫臏更是繼承和發展《孫子兵法》的典範。孫臏是孫子的四世孫，不但在實際指揮作戰中功勳卓著，成爲一代名將，而且在軍事理論上也有突出的建樹，著有《孫臏兵法》。

《孫臏兵法》和《孫子兵法》在體系和風格上一脈相承，互相輝映。由此可見，《孫子兵法》成書不久就已經廣爲人知。而且對《孫子兵法》的運用，已經超出軍事範圍，應用於政治、經濟等方面了。

中國歷代軍事著作中引用《孫子兵法》文句的兵書不可勝數，如戰國時期的《吳子》、《尉繚子》，漢代的《淮南子》、《潛夫論》，唐代的《李衛公問對》，宋代的《虎鈐經》，元代的《百戰奇法》，明代的《登壇必究》、《紀效新書》，清代的《曾胡治兵語錄》……等等。

軍事家直接援用《孫子兵法》指導戰爭的，更是不勝枚舉。

秦朝末年，項梁曾以《孫子兵法》教過項羽，陳餘則引用「十則圍之，倍則戰之」的戰術。

漢代名將韓信自稱本身兵法出於孫子，並且運用「陷之死地而後生，置之亡地而後存」的理論指揮作戰。黥布曾認爲「諸侯戰其地爲散地」，語出《孫子兵法》。漢武帝也曾打算以《孫子兵法》教霍去病。東漢名將馮異、班超等人對孫子兵書也很精通。

三國時期，蜀相諸葛亮認爲：「戰非孫武之謀，無以出其計遠」。意思是說，孫子十三篇所講的謀略都是高瞻遠矚，從戰爭全局出發的。

魏武帝曹操也是一位雄才大略的軍事家，對歷代兵書深有研究。他對《孫子兵法》備極推崇，曾經讚譽道：「吾觀兵書戰策多矣，孫武所著深矣……審計重舉，明畫深圖，不可相誣！」

意思是說，他讀過許多軍事著作，其中《孫子兵法》最為精深奧妙，書中詳審的計謀、慎戰的思想、明智的策略、深遠的考慮，都是不容誤解的。曹操不但在實踐中運用《孫子兵法》克敵制勝，而且十分重視對這部「曠世兵典」的整理研究，成為中國歷史上第一個注釋《孫子兵法》的軍事家。

唐太宗深通兵法，跟名將李靖的軍略問對中，處處提到孫子，對「凡戰者，以正合，以奇勝」這個戰略思想尤其欣賞，並且推崇孫子「不戰而屈人之兵」的思想，是「至精至微，聰明睿智，神武不殺」的最高軍事原則。

宋代仁宗、神宗年間，因抵禦邊患的需要，朝廷設立了「武學」（軍校）以培養將才，編訂了以《孫子兵法》為首的七部兵書（即《武經七書》）作為必讀教材。從此，《孫子兵法》正式成為官方軍事理論的經典，沿至明清而不衰。

宋代學者鄭厚曾認為：「孫子十三篇，不惟武人之根本，文士亦當盡心焉。其詞約而縟，易而深，暢而可用，《論語》、《易》、《大》（《大學》）、《傳》

（《左傳》）之流，孟、荀、揚諸書皆不及也」，把《孫子兵法》推到高於儒家經典的地位。

明朝抗倭名將戚繼光對《孫子兵法》闡述的軍事思想也十分欽服，曾說道：「予承乏浙東，乃知孫武之法，綱領精微，爲莫加焉……猶禪家所謂上乘之教也。」

著名學者李贄對《孫子兵法》和孫武其人更是佩服得五體投地，認爲「孫子所以爲至聖至神，天下萬世無以復加者也」。

到了近代，《孫子兵法》的聲譽更隆、影響更大。孫文曾說：「就中國歷史來考究，二千多年的兵書，有十三篇（即《孫子兵法》），那十三篇兵書，便成立了中國的軍事哲學。」將這部兵書看作中國軍事理論的奠基之作。

現代許多軍事家不但在軍事著作中多次提到《孫子兵法》，而且巧妙運用於戰爭之中。可以這麼說，《孫子兵法》中的戰爭思想和運用，構成了現代軍事的重要來源。

活用兵法智慧，創造更多贏的機會

《孫子兵法》深獲各界人士推崇，在現代經濟生活中同樣大有用武之地，只要不斷深入研究和靈活運用，必將給我們帶來無窮之益。

《孫子兵法》最早傳入日本，其次傳入朝鮮，至於傳佈到西方，則是十八世紀以後的事。

西元八世紀《孫子兵法》傳入日本，不但構成了日本軍事思想的主體結構，而且對日本的歷史和精神產生了深遠影響。日本各界一向推崇《孫子兵法》，極其重視對這部不朽之作的研究，探討領域之廣，流派之多，著述之精，遠非其他國家所可比擬。

在日本，孫子被尊爲「兵家之祖」、「兵聖」、「東方兵學的鼻祖」、「偉大的戰略哲學家」，甚至跟孔子相提並論，認爲：「孔夫子者，儒聖也；孫夫子者，兵聖也……後世儒者不能外於孔夫子而他求，兵家不得背於孫夫子而別進矣。是以文武並立，而天地之道始全焉。可謂二聖之功，極大極盛矣！」

《孫子兵法》也被推崇爲「兵學聖典」、「韜略之神髓，武經之冠冕」、「萬古不易之名著」、「科學的戰爭理論書」……等等，認爲該書閎廓深遠、詭譎奧深、窮幽極渺，「舉凡國家經綸之要旨，勝敗之秘機，人事之成敗，盡在其中矣」，是「兵之要樞」，「居世界兵書之王位」。

《孫子兵法》在日本軍事界影響的全盛期是十六世紀，即日本歷史上的戰國時期。當時日本湧現出一批著名的軍事將領，如織田信長、豐臣秀吉、德川家康和武田信玄等。他們的共同特點是精通軍事經典，對《孫子兵法》的運用得心應手。武田信玄更號稱日本的「孫子」，酷愛《孫子兵法》中的名句「其疾如風，其徐如林，侵掠如火，不動如山」，把「風林火山」四字寫在軍旗上鼓舞士氣，號令三軍。

明治維新以後，日本軍界依然把《孫子》奉爲圭臬，認爲古代大師的學說仍可指導現代戰爭。如在二十世紀初的日俄戰爭中，日本聯合艦隊司令東鄉平八郎元帥和陸軍大將乃木希典都深諳《孫子兵法》。對馬海戰中，日軍全殲俄國遠征艦隊，其陣法正出自《孫子》，東鄉平八郎在論及獲勝原因時歸結爲運用了「以逸待勞，以飽待饑」的原則。

日軍偷襲珍珠港更是《孫子兵法》中「出其不意，攻其不備」的巧妙運用，是現代戰爭史上戰略突襲的典型。只不過，日軍既不「愼戰」又未「先知」，對美國的潛力估計不足，犯了根本性的錯誤，導致在太平洋戰爭中失敗。

日本的情報工作在世界上首屈一指，不僅在戰爭中發揮了巨大的效用，而且在各行各業中也產生了很大的影響。日本人的這種特點，追根溯源，與中國的《孫子兵法》有密切的關係。

著名的英國作家理查．迪肯在其所著《日諜秘史》一書中明確指出：「日本人搜集情報的靈感是受中國戰略家孫子的影響。」

除日本以外，《孫子兵法》在西方世界的流傳也很廣泛，並且極受推崇。

據說，拿破崙在戎馬倥傯的戰陣中，仍手不釋卷地翻閱《孫子兵法》。德國偉大的軍事學家、《戰爭論》的作者克勞塞維茨也受到這部中國古代兵典的影響。德國皇帝威廉二世在第一次世界大戰失敗後，讀到《孫子兵法．火攻篇》中關於「主不可因怒而興師，將不可以慍而致戰」的論述時，不禁歎息：「可惜二十多年前沒有看到這本書。」

第二次世界大戰以後，儘管導彈、核武等尖端武器進入軍事領域，生產力和科技的發展日新月異，戰爭條件也不斷變化更新，但國際上對《孫子兵法》的研究和應用熱潮絲毫未減，並且有了嶄新的進展。

前蘇聯的一位著名軍事理論家曾斷言：「認眞研究中國古代軍事理論家孫子的著作，無疑大有益處。」

英國名將蒙哥馬利元帥在訪華時曾對毛澤東說：「世界上所有的軍事學院都應把《孫子兵法》列爲必修課程。」

美軍新版《作戰綱要》更開宗明義地引用孫子「攻其無備，出其不意」這句名言作爲作戰的指導思想。

重視孫子的戰略思想，是二戰後西方政治家、軍事家和戰略家們研究和應用《孫子兵法》的新特點。在這個時期，軍事戰略和政治、經濟、外交以及社會等因素的結合日益緊密。尤其是在大規模殺傷性核武器出現後，即便是超級大國也不敢貿然發動大規模戰爭，所以必須建立全新的戰略體系。而《孫子兵法》的精華正好包含了豐富的戰略思想，爲這個時代提供了許多有益的啓示。

英國著名戰略家利德爾·哈特在《戰略論》中大量援引了孫子的語錄。他認爲：「最完美的戰略，就是那種不必經過激烈戰鬥而能達到目的的戰略，所謂不戰而屈人之兵，善之善者也」，「在導致人類自相殘殺、滅絕人性的核武器研製成功以後，更需要重新且完整地研讀《孫子》這本書」。

美國國防大學戰略研究所所長約翰·柯林斯稱讚孫子是古代第一個形成戰略思想的偉大人物。他在《大戰略》一書中指出：「對戰略的相互關係、應考慮的問題和所受的限制，至今仍沒人比他有更深刻的認識，他的大部分觀點在我們的當前環境中仍然具有重大的意義。」

美國著名的「智庫」史丹福研究所的戰略專家福斯特和日本京都產業大學三好

修教授根據《孫子兵法．謀攻篇》中的思想，提出了改善美蘇均勢的新戰略，並稱之為「孫子的核戰略」，對世界戰略的調整產生了很大的影響。

此外，不少西方政治家也都在各自的著作中運用孫子的理論，闡述對當今時代國際戰略的見解。

在現代戰爭和軍事行動中，《孫子兵法》同樣被廣泛運用。如在越南戰爭中，美軍司令威斯特摩蘭曾引用孫子「夫兵久而對國有利者，未之有也」的名言，力主結束這場曠日持久、陷美軍於泥潭的戰爭。

又如第三次印巴戰爭中，印度軍隊遵循孫子「軍有所不擊，城有所不攻，地有所不爭」的理論，繞過堅城，迂迴包抄，直指達卡，迅速擊潰巴基斯坦軍隊，取得了這場戰爭的勝利。《印度軍史》則援用《孫子兵法》的觀點總結南亞次大陸的戰爭經驗，這是絕無僅有的。

進入二十一世紀，世界各地的「孫子熱」日趨高漲。《孫子兵法》不但受到軍界和戰略家們的重視，而且深獲其他各界人士推崇。對《孫子兵法》的研究和運用，已經擴展到政治、外交、經濟、體育等領域，其中以在商戰和企業管理中的應用最引人注目。

日本的企業家們率先把《孫子兵法》運用於企業競爭和經營管理，取得了很大的成效，形成了「兵法經營管理學派」。

《孫子兵法》中的「五事」，也常常被概括爲企業經營的五大要素：「道」是經營目標，「天」是機會，「地」是市場，「將」是人才，「法」是企業規章和組織編制。「五事」並重、統籌管理、靈活經營，必然使得企業成爲激烈競爭中的常勝軍。

由此可見，《孫子兵法》在現代經濟生活中同樣大有用武之地，只要不斷深入研究和靈活運用，必將給我們帶來無窮之益。

【始計篇】

01. 兵者，國之大事

04. 因利制權

05. 兵者，詭道也

06. 多算勝，少算不勝

【作戰篇】

01. 兵貴勝，不貴久

02. 知兵之將

【謀攻篇】

01. 伐謀伐交

02. 小敵之堅，大敵之擒

03. 將者，國之輔也

04. 知彼知己，百戰不殆

【始計篇】

【原文】

孫子曰：兵者，國之大事，死生之地，存亡之道，不可不察也。

故經之以五事，校之以計而索其情：一曰道，二曰天，三曰地，四曰將，五曰法。道者，令民與上同意也，故可以與之死，可以與之生，而不畏危。天者，陰陽、寒暑、時制也：地者，遠近、險易、廣狹、死生也。將者，智、信、仁、勇、嚴也。法者，曲制、宮道、主用也。凡此五者，將莫不聞。知之者勝，不知者不勝。故校之以計而索其情，曰：主孰有道？將孰有能？天地孰得？法令孰行？兵眾孰強？士卒孰練？賞罰孰明？吾以此知勝負矣。

將聽吾計，用之必勝，留之；將不聽吾計，用之必敗，去之。

計利以聽，乃為之勢，以佐其外。勢者，因利而制權也。

兵者，詭道也。故能而示之不能，用而示之不用，近而示之遠，遠而示之近。利而誘之，亂而取之，實而備之，強而避之，怒而撓之，卑而驕之，佚而勞之，親而離之。攻其無備，出其不意。此兵家之勝，不可先傳也。

夫未戰而廟算勝者，得算多也；未戰而廟算不勝者，得算少也。多算勝，少算不勝，而況於無算乎？吾以此觀之，勝負見矣。

【注釋】

計：預計、計算的意思。這裡指戰前透過對敵我雙方客觀條件的分析，對戰爭的勝負做出預測、謀劃。

兵：本義爲兵械，後逐漸引申爲兵士、軍隊、戰爭等，這裡作戰爭解。

不可不察：察，審察、研究。不可不察，意指不可不仔細審察，要謹慎對待。

經之以五事：經，度量、衡量；五事，指下文的「道、天、地、將、法」。此句意謂要從五個方面分析、預測。

校之以計而索其情：校，衡量、比較。計，指籌劃。索，探索；情，情勢，這裡指敵我雙方的實情、戰爭勝負的情勢。全句意思爲：透過比較雙方的謀劃，來探索戰爭勝負的情勢。

道：本義爲道路、途徑，引申爲政治主張。

將：將領。

法：法制。

令民與上同意也：令，使、讓的意思。民，民眾。上，君主、國君。意，意願、意志。令民與上同意，意思是使民眾與國君統一意志，擁護君主的意願。

不畏危：不害怕危險，意為民眾樂於為君主出生入死，絲毫不畏懼危險。

陰陽：指晝夜、晴雨等不同的氣象變化。

寒暑：指寒冷、炎熱等氣溫差異。

時制：指春、夏、秋、冬四季時令的更替。

遠近、險易：遠近，指作戰區域的距離遠近；險易，指地勢的險要或平坦。

廣狹：指作戰地域的廣闊或狹窄。

死生：指地形條件是否利於攻守進退。死，即死地，進退兩難的地域；生，即生地，易攻能守之地。

智、信、仁、勇、嚴：智，智謀才能；信，賞罰有信；仁，愛撫士卒；勇，勇敢果斷；嚴，軍紀嚴明。此句是孫子提出作為優秀將帥所必須具備的五德。

曲制：有關軍隊的組織、編制、通訊聯絡等具體制度。

官道：指各級將吏的管理制度。

主用：指各類軍需物資的後勤保障制度。主，掌理、主管；用，物資費用。

聞：知道，瞭解。

知之者勝，不知者不勝：知，知曉，這裡含有深刻瞭解、確實掌握的意思。此句意思說，對五事（道、天、地、將、法）有深刻的瞭解並掌握運用得好，就能取勝，掌握得不好，則不能獲勝。

主孰有道：指哪一方國君政治清明，擁有民衆的支持。孰，誰，這裡指哪一方；有道，政治清明。

將孰有能：哪一方的將領更有才能。

天地孰得：哪一方擁有天時、地利的條件。

兵衆孰強：哪一方的兵械鋒利，士卒衆多。兵，此處指的是兵械。

士卒孰練：哪一方的軍隊訓練有素。

吾以此知勝負矣：我根據這些情況來分析，即可預知勝負的歸屬了。

將聽吾計：將，意爲假設、如果。此句意爲如果能聽從、採納我的計謀。

計利以聽：計利，計謀有利。聽，聽從、採納。

乃為之勢：乃，於是、就的意思。爲，創造、造就。勢，態勢。此句意思是造成積極的軍事態勢。

以佐其外：用來輔佐他對外的軍事活動。佐，輔佐、輔助。

因利而制權：因，根據、憑依。制，決定、採取之意。權，權變，靈活處置之意。意思是根據利害關係採取靈活的對策。

兵：用兵打仗。

詭道也：詭詐之術。詭，欺詐、詭詐。道，學說。

能而示之不能：能，有能力、能夠。示，顯示。即能戰卻裝作不能戰的樣子。此句至「親而離之」的十二條作戰原則，即著名的「詭道十二法」。

用而示之不用：實際要打，卻裝作不想打。

近而示之遠，遠而示之近：實際要進攻近處，卻裝作要進攻遠處；實際要進攻遠處，卻表現出要進攻近處，致使敵人無法防備。

利而誘之：意爲敵人貪利，則以利來引誘，伺機打擊之。

亂而取之：對處於混亂狀態的敵人，要抓住時機進攻它。

實而備之：指對待實力雄厚之敵，需嚴加防備。

強而避之：面對強大的敵人，當避其鋒芒，不可硬拚。

怒而撓之：怒，易怒而脾氣暴躁；撓，挑弄、擾亂。敵人易怒，就設法激怒他，使他喪失理智，臨陣指揮做出錯誤的抉擇，導致失敗。

卑而驕之：敵人卑怯謹慎，應設法使他驕傲自大，然後伺機破之。也有另一種解釋，是說己方主動示弱，讓對人造成錯覺，令其驕慢。

佚而勞之：佚，同「逸」，安逸。勞，使之疲勞。此句說敵方安逸，就設法使其疲勞。

親而離之：如果敵人內部團結，則設計離間、分化他們。

兵家之勝：兵家，軍事家。勝，奧妙。這句說上述「詭道十二法」乃軍事家指揮若定的奧妙之所在。

不可先傳也：意即在戰爭中應根據具體情況做決斷，不能事先呆板地做出規定。

廟算：古代興師作戰之前，通常要在廟堂裡商議謀劃，分析戰爭的利害得失，制定作戰方略，這個作戰準備程序，就叫做「廟算」。

得算多也：意爲取得勝利的條件充分、衆多。算，計數用的籌碼，此處引申爲取得勝利的條件。

多算勝，少算不勝，而況於無算乎：勝利條件具備多者可以獲勝，反之，則無法取勝，更何況未曾具備任何取勝條件？

勝負見矣：勝負結果顯而易見。

【譯文】

孫子說：戰爭是國家的大事，是軍民生死安危的主宰，是國家存亡的關鍵，不可以不認眞細察研究。

因此，必須審度敵我五個方面的情況，比較雙方的謀劃，來取得對戰爭情勢的認識。這五個方面一是道，二是天時，三是地利，四是將領，五是法制。

所謂道，就是要讓民衆認同、擁護君主的意願，使得他們能夠做到生爲君而生，死爲君而死，而不害怕危險。所謂天時，就是指晝夜晴雨、寒冷酷熱、四時節候的變化。所謂地利，就是指征戰路途的遠近、地勢的險峻或平坦、作戰區域的寬廣或狹窄、地形對於攻守的益處或弊端。所謂將領，就是說將帥要足智多謀，賞罰有信，愛撫部屬，勇敢堅毅，樹立威嚴。所謂法制，就是指軍隊組織體制的建設，各級將吏的管理，軍需物資的掌管。

以上五個方面，作爲將帥，都不能不充分瞭解。充分瞭解了這些情況，就能打勝仗。不瞭解這些情況，就不能打勝仗。

所以，要通過對雙方七種情況的比較，來求得對戰爭情勢的認識：哪一方君主政治清明？哪一方將帥更有才能？哪一方擁有天時地利？哪一方法令能夠貫徹執行？哪一方武器堅利精良？哪一方士卒訓練有素？哪一方賞罰公正嚴明？我們根據這一切，就可以判斷誰勝誰負。

若能聽從我的計謀，用兵打仗就一定勝利，我就留下。假如不能聽從我的計謀，用兵打仗就必敗無疑，我就離去。

籌劃有利的方略已被採納，於是就造成一種態勢，輔助對外的軍事行動。所謂態勢，即是依憑有利於自己的原則靈活機變，掌握戰場的主動權。

用兵打仗是一種詭詐之術。能打，卻裝作不能打；要打，卻裝作不想打。明明要向近處進攻，卻裝作要打遠處；即將進攻遠處，卻裝作要攻近處。敵人貪利，就用利引誘；敵人混亂，就乘機攻取。敵人力量雄厚，就要注意防備；敵人兵勢強盛，就暫時避其鋒芒。敵人易怒暴躁，就要折損他的銳氣；敵人卑怯，就設法使之驕橫。敵人休整得好，就設法使之疲勞；敵人內部和睦，就設法離間。要在敵人沒有防備處發起進攻，在敵人意料不到時採取行動。所有這些，是軍事家指揮藝術的奧妙，要根據實際狀況做決斷，不要事先呆板地做出規定。

開戰之前就預計能夠取勝的，是因爲籌劃周密，勝利條件充分；開戰之前就預計不能取勝的，是因爲籌劃不周，勝利條件缺乏。籌劃周密、條件具備就能取勝，籌劃不周、條件缺乏就不能取勝，更何況不做籌劃、毫無條件呢？我們依據這些來觀察，那麼勝負的結果也就很明顯了。

【第1章】

兵者，國之大事

「兵者，國之大事」，《孫子兵法》指出戰爭是關係到人民生死和國家存亡的大事，必須從戰略的高度對軍事問題進行認真的分析研究。這點，體現了「一代兵聖」對戰爭問題的慎重態度和高超的戰略眼光。

關羽水淹七軍

關羽借水而戰，取得了輝煌的戰績，除了善於審時度勢之外，還得益於善於運用情勢。運勢之前，必須安排好各項部署，才能達成預期的目標。

《孫子兵法》強調：「古之所謂善戰者，勝於易勝者也；故善戰者之勝也，無智名，無勇功。」

確實如此，善於作戰的人，總是能夠運用計謀，抓住敵人的弱點發動攻勢，用不著大費周章就可輕而易舉取勝。

聰明人必須根據不同的情勢，採取相應的對戰謀略，不管伸縮、進退，都應進行客觀的評估，如此才能獲得勝利。千萬不要錯估形勢，讓自己一敗塗地。

赤壁大戰後，劉備攻取西川，自立爲漢中王，封關羽爲五虎大將之首，並讓他留守荊州。

孫權早就想奪回荊州，於是與曹操約定共同出兵。曹操也想藉此機會報赤壁之仇，就派于禁率領七軍共十餘萬人前去攻荊州。這七軍都是北方各郡招來的精兵，先鋒官龐德更是驍勇善戰的沙場猛將。

關羽初戰不利，被龐德射中一箭，只好閉門堅守。這時，東吳孫權的軍隊也在荊州附近蠢蠢欲動，形勢對關羽十分不利。

曹軍主帥于禁見關羽閉門不戰，就把大軍駐紮在山谷中，以避夏日酷熱。關羽聽到消息，不等傷口痊癒，就前去察看地形。見曹軍依山築寨，不遠處襄江水勢洶湧，關羽頓時計上心頭。

回到寨中，他立即下令全軍準備船隻、木筏等水上工具，並對心腹將領們說：「這兩天可能就要下雨，襄江水必定上漲，你們帶人去堵住各處水道，等發大水時，放水一淹，曹軍就會全軍覆滅，到時我們只管坐船抓俘虜就行了。」

命令下達，衆將各自準備去了。

不久，果然暴雨直落，數日不停，襄江水勢猛漲。關羽命令全軍將士登上船隻、木筏，又叫各處水道立即放水。只見洪水滾滾而來，曹軍將士大半被淹死在水中，剩下的全成了俘虜，主帥于禁被生擒，先鋒龐德被斬，十萬大軍就這樣被關羽輕而易舉地消滅了。

關羽借水而戰，取得了輝煌的戰績，除了善於審時度勢之外，還得益於善於運用情勢。關羽在實施水淹七軍的計劃之前，先派人做好了堵水、造船的準備工作，只待天降大雨。社會生活中各種形勢都有爲自己所用的可能，在運勢之前，必須安排好各項部署，才能達成預期的目標。

宋襄公草率迎敵一敗塗地

宋襄公錯估形勢，實力不足卻想稱霸諸侯，對戰時又無法掌握對自己有利的契機，死守教條的結果，導致戰爭失敗，淪為負面教材。

春秋時期，一心想稱霸諸侯的宋襄公領兵攻打鄭國，鄭國慌忙向楚國求救。楚國國君派能征善戰的大將成得臣率兵向宋國本土發起攻擊。宋襄公擔心國內有失，只好從鄭國撤兵，雙方的軍隊在泓水相遇。

宋國大司馬公孫固知道宋國遠遠不是楚國的對手，就勸宋襄公道：「楚國是大國，兵多將廣，土地遼闊，我們一個小小的宋國哪裡能與它匹敵呢？還是跟楚國議和吧！」

宋襄公聽了很生氣，說道：「楚軍雖說兵力有餘，但仁義不足；我們宋國兵力不足，但仁義有餘，仁義之師是戰無不勝的。大司馬為什麼要長敵人志氣，滅自己威風呢？」

公孫固還想爭辯，但宋襄公怒氣沖沖不許他說話，「我意已決，不要說了！」

接著，宋襄公命人做了一面大旗，高高地豎了起來，旗上繡著「仁義」兩個醒目的大字。

戰鬥開始，楚軍吶喊著強渡泓水，向宋軍衝殺過來。宋將司馬子魚看到楚軍一半渡過河來，一半還在河中，就勸宋襄公下令進攻，打楚軍一個措手不及。宋襄公卻說：「寡人一向主張『仁義』，敵人尚在渡河，我軍趁此進攻，那還有什麼『仁義』可言？」

楚軍渡過河，見宋軍沒有發起進攻，於是從容佈陣。司馬子魚又勸宋襄公：「楚軍立陣未穩，我們趕快進攻，還有機會獲勝，趕快下令吧！」

宋襄公指著迎風飄揚的「仁義」大旗，說道：「我們是『仁義』之師，怎麼能趁敵人佈陣未穩就發起進攻呢？」

宋軍放棄兩次機會，按兵不動。楚軍布好陣，以排山倒海之勢向宋軍殺來。宋軍被楚軍的威風和氣勢嚇破了膽，不等短兵相接，一個個掉頭就跑。楚軍乘勢掩殺，宋軍丟盔棄甲，一潰千里，宋襄公本人也被流箭射中大腿。

宋襄公慘敗後，還不服氣，對司馬子魚說：「仁人君子作戰，重在以德服人，敵人受了重傷，不應再去傷害他；看見頭髮花白的敵人，也不應抓他做俘虜。敵人還沒有擺好陣，我們就擊鼓進軍，這不能算是堂堂正正的勝利。」

司馬子魚長歎一口氣說：「我們宋國兵微將寡，根本不是楚國對手，不應該跟楚國交戰，可是大王您卻非要交戰不可。既然交戰了，就應該抓住戰機，您偏偏錯失戰機不許進攻。打仗是槍對槍、刀對刀，你不殺他，他就殺你，這時候哪裡還有什麼『仁義』啊？如果要講『仁義』，那就不要打仗了，這不是更『仁義』嗎？」

宋襄公無言以對。

第二年五月，宋襄公因傷勢過重去世了。

宋襄公錯估形勢，實力不足卻想稱霸諸侯，對戰時又無法掌握對自己有利的契機，死守教條的結果，導致戰爭失敗，淪爲負面教材。

張縣令焚豬驗屍

人命關天，面對謀殺疑案，張舉用兩頭豬做實驗，偵破了一起謀殺親夫案，可謂心思縝密，明察秋毫。

三國時期，句章縣縣令張舉審理過一樁「謀殺親夫」案件，被告是一位三十多歲的女人，有幾分姿色，原告是死者的親哥哥。

原告指著嚎啕大哭的女人向張縣令申訴道：「昨晚她回去娘家，到了半夜，我弟弟家突然起火，待我們趕到去救火之時，房屋已經燒塌，弟弟也被燒死在床下。我弟弟為人懦弱，這個女人平日就行為不軌，一定是她與姦夫合謀害了我弟弟，請大人明察。」

被告連呼：「大人，冤枉啊！我昨夜住在娘家，哪知家中遭如此天大不幸？如今，我也不想活了！」說著，一頭向附近的廳柱上撞去，幸好被差役們拉住，才不致於頭破血流。

雙方各執一詞，張舉於是吩咐打轎到現場去察看，命仵作檢驗了死者屍體，沒有發現任何可疑之處。接著，他又親自掰開死者的嘴看了看，面對灰燼飛旋、餘煙縷縷的殘屋，心中忽有所悟。

隨即，張舉下令：「捉兩頭豬來！」

不一會兒，兩頭活豬被捆綁著送到張舉面前。張舉命令點起兩大堆火，將一頭豬殺死，扔在火上燒烤，將另一頭豬活活在火上燒烤而死。

好一番工夫後，火熄豬亡。

張舉命令：「掰開豬嘴，看嘴內可有什麼？」

差役們照辦後回報：「殺死後放在火上燒烤之豬，嘴內乾乾淨淨，活活燒死之豬，嘴內盡是灰燼！」

張縣令轉頭對被告說：「妳丈夫的嘴內乾乾淨淨，一點灰燼沒有，妳說這是什麼緣故呢？」

那婦人頓時如同一灘爛泥癱在地上，一五一十地招認了與姦夫合謀，害死親夫，然後縱火燒屋的經過。

人命關天，面對謀殺疑案，張舉用兩頭豬做實驗，偵破了一起謀殺親夫案，可謂心思縝密，明察秋毫。

蘇無名偵破太平公主珍寶案

蘇無名立即下令捕人，捕役們立刻一一照辦。十幾個胡人被捕獲後，對盜竊珍寶之事供認不諱。挖開新墳，太平公主的珍寶果然全在墳中。

唐朝武則天在位時，太平公主丟失了兩箱奇珍異寶，武則天大怒，限令洛陽長史在三天內破案，否則嚴懲不貸。長史誠惶誠恐，派出捕役四處搜尋，卻沒有尋到與案件有關的線索。

後來，武則天便起用以破案聞名的湖州別駕蘇無名，負責調查此案。蘇無名請求武則天將破案期限延長，武則天同意了。

蘇無名回到衙門中，對眾捕役說：「過幾天就是清明節，你們分頭到城東門守候，如發現有穿孝服的胡人出城向北邙方向走去，就跟蹤他們，察看他們的動向。但千萬不要驚動他們，同時趕緊派人向我報告。」

到了清明節，捕役們喬裝打扮，混在百姓當中，守候在城東門附近，果然發現有十多個胡人似乎要去北邙山掃墓。捕役們一面遠遠地跟隨在後，一面派人前去報告蘇無名。

十多個胡人到了北邙山，在一座新墓前停下，擺上各種祭品，面向新墳跪下，哭了一通。祭奠後，又圍著新墳轉了一圈，然後離去。捕役們隱匿在樹叢中，發現十幾個胡人並無悲傷之情，哭聲是硬裝出來的，繞墳走動時還有人談笑，於是把這一切都向匆匆趕來的蘇無名報告。

蘇無名立即下令捕人：「趕快調集人馬，將那十幾個胡人捕捉歸案，不許漏掉一人！他們就是盜竊太平公主珍寶的賊人。」又對捕役頭頭說：「再派幾個人將新墳掘開，太平公主的珍寶盡在墳內！」

捕役們立刻一一照辦。十幾個胡人被捕獲後，對盜竊珍寶之事供認不諱。挖開新墳，太平公主的珍寶果然全在墳中。

武則天重重賞了蘇無名，又向他請教破案之法。

蘇無名回話道：「臣前來都城時曾與十幾個胡人在東門相遇，當時看見他們抬著一口棺材出葬，神色有異，就懷疑他們不是好人，棺材內裝的可能不是死人。後來，聽說公主丟失了珍寶，捕役們四處搜尋也找不到蹤影，臣立刻想到了這夥歹人身上，只是不知道他們把棺材抬到哪裡下葬去了。清明時節，照例應該出城奠祭，臣估計這夥歹人肯定會出城，於是派捕役在東門等候。歹人們哭得不悲傷，這證明墳內埋的不是人；歹人們圍著墳轉，並且談笑，證明珍寶還在墳內。臣請求陛下寬限破案時間，正是爲了痲痺他們，否則，萬一他們狗急跳牆，挖開墳墓，取出珍寶逃之夭夭，這案件就不好偵破了。」

蘇無名細察案件，偵破珍寶案，眞不愧神探封號。

李後主從帝王變楚囚

李後主一直過著風流香艷的生活，不懂得帶兵打仗，直至敵兵攻破金陵城，不得不啟程去汴京過著「楚囚」的生活。

五代時，南唐末代君主李煜縱情詩酒，沉溺聲色，信任讒佞，妄殺忠良，當戰爭降臨，大敵當前，卻一籌莫展，終於國破家亡，被俘敵營，過著屈辱的生活。因為他是南唐的最後一個君主，史稱李後主。

宋太祖趙匡胤聽到李後主荒廢政務，沉溺於酒色玩樂之中，便覺得機會已到，決心滅亡南唐。

宋太祖即將揮師南下滅唐的消息，使沉溺於聲色中的李後主感到大難臨頭。思來想去，沒有別的辦法，只好派弟弟韓王李從善到宋朝去，帶著金銀珠寶和延年益壽的藥物，獻給宋太祖趙匡胤。他還親自寫了一封信，卑躬屈節地說明自己是宋朝的藩屬，取消了南唐的國號，並表示永遠忠於宋朝，不敢有二心。

韓王李從善戰戰兢兢地來到汴京，趙匡胤對李後主的忠心大大誇獎一番，又不管李從善願意不願意，任命他爲泰寧軍節度使，並賜給他一套豪華的住宅。實際上，是把李從善當作人質扣留了。

使者被扣，南唐君臣上下人心惶惶，議論紛紛。

有人認爲，不應對宋朝卑躬屈膝，應該給他們一點顏色看看，使他們不敢小視南唐；也有人認爲，宋朝兵多將廣，消滅南唐只在旦夕，反抗只會帶來災難，不如早些素車白馬請降。

對這些主張，李後主拿不定主意。戰吧，宋軍強大，後果不言而喻；降吧，又不甘心，只好派戶部尚書馮延魯爲特使，去汴京哀求宋太祖放回李從善。

李從善儀表堂堂，喜歡舞槍弄棒，到汴京以後，並沒有意識到他是成爲人質被扣留在宋朝京城的，還以爲這是宋太祖對他的器重，打從心裡感激趙匡胤。趙匡胤叫李從善給哥哥李後主寫信，勸他到汴京，獻出國土，並歸降於宋朝，李從善欣然答應了。

李後主沒有要回弟弟，得到的卻是弟弟的勸降書，要他識時務，否則大兵一到，後果不堪設想。李後主飯吃不下，覺睡不穩，常常登高北望，潸然淚下。

這時，南都留守林仁肇對李後主獻計說：「宋軍連年征戰，勞師靡餉，且將士疲憊不堪，我軍可以乘虛出壽春北渡，直取正陽，如此對宋軍襲擊，能有效嚇阻，讓他們不敢侵犯我們。」

但李後主膽小怕事，生怕惹怒宋太祖會帶來大禍，不敢接受建議。

林仁肇身高體健，虎背熊腰，剛毅有力，是南唐最有謀略和最能帶兵打仗的大將。趙匡胤深知，只要除掉林仁肇，就爲宋軍南下掃清了障礙。

爲了除掉林仁肇，趙匡胤想出了一個借刀殺人之計。他派人畫了一幅林仁肇的畫像，懸掛在別室，再故意把南唐使者引入別室。南唐使者見了便問：「爲何林將軍畫像在此？」

宋臣故意不答，裝出一副神秘兮兮的樣子。

使者回到江南，把在汴京所見所聞，如實向李後主做了彙報。如果李後主仔細冷靜地分析這件事，一定會發現許多破綻。可惜，他既不諳事，又不識人，簡單地聯想到林仁肇已經投降宋軍。

於是，李後主以慰勞林仁肇為名，把烈性毒藥放在酒裡，派人送去。林仁肇哪裡會想到皇上會害他，喝了毒酒，一命嗚呼。

林仁肇一死，南唐便沒有可以禦敵的大將了，實際上，李後主是在自砍手足，自毀長城。南唐內史舍人潘佑，是個有見識的人，上疏說：「陛下庇護奸邪，曲容諂偽，殺忠良，遠賢臣，使國家黑暗，如日之將落。臣不能與奸臣相處，不願侍候亡國之君，願陛下賜臣以死。」

潘佑措詞慷慨激烈，李後主勃然大怒，立即將他下獄。

時機成熟，宋太祖命潁州團練使曹翰領兵赴荊南，命宣徽南院使曹彬率大軍由長江順流東下，命山南東道節度使潘美率軍從汴京南下，合擊金陵。

萬般無奈的情況下，李後主和四十五名文武官員一起排列宮前，肉袒請降。

一個月後，李後主來到汴京，宋太祖趙匡胤在明德樓前舉行受降儀式。李後主白衣紗帽，匍匐於樓下，宋太祖賜李煜為光祿大夫。

至此，南唐徹底滅亡了。

李後主唯一的生活就是寫詩填詞，把亡國之恨全部傾注在一首首詩詞中，訴說他對故國山河的依戀，對國破家亡的悲憤。祖輩艱苦創業，給他留下了「三千里江山」，可他一直過著風流香艷的生活，不懂得帶兵打仗，直至敵兵攻破金陵城，不得不啓程去汴京過著「楚囚」的生活。

一個國君，由於不重視軍事，把戰爭當作兒戲，給國家、人民和自己帶來何等慘重的後果，多麼値得我們反思。

拿破崙一味求戰最終敗北

在敵強我弱的形勢下，必須避開敵人主力，尋機攻其一翼，用局部的勝利和造成的優勢，彌補總體上的劣勢，進而改變整個局面。

一八一三年萊比錫戰役後，反法同盟各國的軍隊隨即尾隨而來，把戰爭推入法國境內。反法聯軍三路大軍共數十萬，而拿破崙的新兵還來不及訓練，前線法軍不足五萬人，幾位元帥率領的法軍無力阻止敵軍前進，正在節節敗退。

面對這種極端險惡的形勢，法軍若是硬拼，猶如以卵擊石，後果可想而知，雙方都準備和談。不過，談判的目的顯然不同，一方是逼敵投降，一方是緩兵之計。拿破崙寧可退位，也絕不願簽訂任何屈辱的和約。他對和談代表下達的指示，只有一個字——拖，認為「拖下去對我們有百利而無一害」。

經過反覆權衡，拿破崙決定再冒一次險，試圖用武力改變局面。

一八一四年一月二十五日，拿破崙重新走上前線，迅速東進，到達馬恩河畔的夏龍，隨即揭開了戰鬥序幕。這時，他手中可供作戰的兵力約為四．七萬人，而對面的聯軍兩個軍團，已經超過了二十三萬，敵人援軍還源源不斷開來。拿破崙深知，面對如此優勢的敵軍，消極應戰不可能擺脫困境。他決心在防禦中實施進攻，力圖以主動進擊逐個殲滅敵軍，用局部勝利來扭轉全局的被動態勢。

拿破崙到達前線後，立即選擇性情急躁的老將布呂歇爾作為打擊對象，指揮法軍連續兩次進攻，迫使他率部後退。儘管布呂歇爾隨後進行了一次反擊，但拿破崙抗住了普軍的進攻，並佔據了有利地形。

二月十日，拿破崙的法軍在尙波貝爾殲滅俄軍蘇費耶夫師四五〇〇人，繳獲二十四門火炮。翌日，法軍在蒙米賴擊敗薩肯率領的俄軍。十二日，法軍又在夏托蒂埃重創約克率領的普魯士軍隊。十四日，拿破崙率軍趕到蒙米賴以東四英里的沃尙，解救了被普軍圍困的馬爾蒙將軍，打敗布呂歇爾的部隊，俘敵八千人。十八日，拿破崙在蒙特羅率軍擊敗反法聯軍總司令施瓦岑貝格的軍隊，挫敗了他渡過塞納河的陰謀。

拿破崙五戰五捷，消滅聯軍八萬人。由於法軍節節勝利，聯軍總司令施瓦岑貝格被迫後撤，並向拿破崙請求休戰。然而，拿破崙一心想用武力解決問題，並未看清楚當時的整個軍事形勢，根本沒有考慮談判停戰的問題，輕蔑地拒絕了施瓦岑貝格的請求。

反法聯軍為改變挨打的局面，運用兵力上的絕對優勢與拿破崙周旋，尋找機會打敗那些不善於獨立作戰的法軍將領，並趁拿破崙轉戰外地之時，乘虛襲取了巴黎，最終迫使拿破崙退位。

在敵強我弱的形勢下，必須避開敵人主力，尋機攻其一翼，用局部的勝利和造成的優勢，彌補總體上的劣勢，進而改變整個局面。拿破崙運用此策連連得手，可惜的是，他並未充分利用這個暫時優勢求得和談的主動與勝利，反而一味求戰，終於在敵人的優勢兵力面前敗北。

羅斯福故意裝糊塗

在軍事機密遭到洩漏的情況下，羅斯福故作不知，麻痺了日軍的警覺性，進而扭轉戰局，可說是戰爭史上的經典範例。

第二次世界大戰之中，日本海軍企圖在中途島與美國海軍展開決戰，將美軍逐出太平洋，並擬定了作戰計劃。但是，美軍情報機關截獲並破譯了日軍的密碼，然後制定了殲滅日本海軍的行動計劃。

正當日、美海軍都緊鑼密鼓地進行戰爭部署之時，美國芝加哥的一家報紙不知透過什麼途徑獲得美國海軍的行動計劃，並且把它當做獨家新聞刊在報紙上。

美國和日本情報機關都大吃一驚，隨即把這項情報向上報告。

羅斯福知道後大吃一驚，如此嚴重的洩密，後果不堪設想。

但是，羅斯福在驚詫之後又立刻冷靜下來，認為要是對這家報紙興師問罪，必然會驚動日本人，日本人立刻就會取消中途島的作戰計劃。更加嚴重的是，日本人會有所警覺，對他們的「密碼」的可靠性發生懷疑，倘若日本人更新「密碼」，美國情報機關就只能從零開始……

羅斯福採取的對策是：若無其事，故作「不知」。

羅斯福一裝「糊塗」，日軍首腦倒真的「糊塗」起來，他們得出結論：美國人只是虛張聲勢，事實上美方根本沒有破譯日本的密碼。因此，日軍不但沒有終止中途島大戰的計劃，而且連密碼也沒有更換。

中途島一戰，日本海軍撞入美軍精心設下的陷阱，損失慘重。大戰之後，日本海軍永遠地失去了海上優勢。羅斯福處變不驚，使美國海軍從此掌握了海上作戰的主動權。

在軍事機密遭到洩漏的情況下，羅斯福故作不知，麻痺了日軍的警覺性，進而扭轉戰局，可說是戰爭史上的經典範例。

海珊激怒了全世界

短短兩個月，美、英、法、義大利、荷蘭等二十多個國家將二十萬部隊運至科威特和伊拉克的邊界，向伊拉克發動毀滅性攻擊，海珊被迫宣佈撤出科威特。

前伊拉克總統海珊生性好鬥，曾跟伊朗連續打了八年仗，傷亡了一百五十萬人，消耗了八千億美元的巨額戰爭經費，什麼也沒有得著。

但是，剛剛喘息了兩年，一九九〇年八月二日凌晨二時，他又迫不及待地出動十萬軍隊和三百五十輛坦克，在大批戰機和武裝直升機的掩護下，攻入並佔領了鄰國科威特。

這一下，海珊激怒了全世界。

伊拉克與鄰國科威特原來同屬於鄂圖曼帝國巴士拉省的一部分。後來，伊拉克獨立，科威特也獨立成為一個國家。儘管伊拉克一再宣稱科威特是伊拉克的一部分，但迫於國際輿論的壓力，意圖一直未能實現。

如今，海珊竟企圖以武力進行吞併。

聯合國安理會的十五個成員國通過了第六六〇號決議，強烈譴責伊拉克入侵科威特，要求海珊無條件撤走軍隊。

幾乎全世界所有的國家都同聲譴責伊拉克的入侵行為，即使是伊拉克的「盟友」蘇聯也不例外。

譴責之後，便是軍事行動。英國首相柴契爾夫人率先支持美國出兵波斯灣，將海珊「趕出去」！她說：「永遠不能讓侵略者得逞。如果我們讓伊拉克對科威特的入侵成功，那麼所有的小國就再也沒有安全感，弱肉強食的行徑就占了上風。」

短短兩個月，美、英、法、義大利、荷蘭等二十多個國家將二十萬部隊、一千多輛坦克和大批最先進的飛機運至科威特和伊拉克的邊界。

面對多國部隊，海珊卻還強硬地叫囂：「在任何情況下，我們的決定都是不容更改的……」

一九九一年一月十七日，巴格達時間凌晨二時四十分，以美國爲首的多國部隊向伊拉克發動毀滅性攻擊。到了二月二十六日，海珊被迫宣佈撤出科威特。二十七日，科威特國旗再一次升起在首都上空。

諾貝爾的活廣告

諾貝爾進行表演性的爆炸試驗，不但是一次釋疑的表演，更是一次絕妙的宣傳。在現代經濟戰中，這種規模巨大、給人強烈刺激的廣告方式屢見不鮮。

諾貝爾是十九世紀聞名於歐洲的大實業家，不少關於他創業的故事中，都透露出他的聰明才智。他曾做過一次出色的宣傳，使他發明的甘油炸藥在人們心中的印象大為改觀。

在諾貝爾之前，人們一直使用普通的黑色炸藥，這種炸藥性能穩定，比較安全，但爆炸力小，越來越不能滿足日益發展的工業需要。

一八六三年，諾貝爾取得硝化甘油製品的專利權，接著發明用硝化甘油引爆黑色炸藥。這種炸藥能產生超出普通黑色炸藥許多倍的破壞力，問世以來深受工業界歡迎，銷路極好。諾貝爾也因此大大獲利，並且逐步控制了歐洲各國的市場，形成頗具規模的「工業王國」。

但是不久，問題接踵而至。

由於硝化甘油以液體形式存在時，在一定條件下會自行爆炸，導致了運輸和生產過程中一系列爆炸事件，帶來很大傷亡。鑑於這種情況，許多國家政府準備對這種新型炸藥的生產加以控制或禁止。

各種爆炸事件使諾貝爾的炸藥市場大為縮減，一旦再遭禁止，初顯規模的「工業王國」很可能就會崩潰。事實上，在生產和運輸過程中，如果操作人員技術熟練，遵守相關規定，硝化甘油並不會在正常情況下出現爆炸現象，一系列的事故多半是工作人員掉以輕心所致。

為了挽救企業，也為了給甘油炸藥這一新型產品正名，諾貝爾採取了一個新穎而有效的計劃。

他來到工業發達的英國，首先在報紙刊登聲明，表示要親自在公眾面前表演甘油炸藥的操作和試驗，證明甘油炸藥的安全可靠。得知著名的炸藥大王諾貝爾要親自試驗的消息，不少人好奇地等候著試驗的結果。

然後，諾貝爾遍訪那些財力雄厚的礦場主和鐵路建設者，讓他們相信，硝化甘油只要使用得當，絕對不會帶來任何危險，相對的，能爲企業帶來機會和財富，還邀請他們去觀看他的試驗。

一切準備就緒，到了表演的那天，圍觀的民衆相當多，絕大多數都對這場試驗充滿恐懼，對諾貝爾可能遭受的悲慘事故猜測紛紛。

諾貝爾帶著試驗用的一箱箱材料出現了，把人群安排到安全的地點。在民衆提心吊膽和議論紛紛中，諾貝爾開始了他的表演。

首先，他取出一些硝化甘油和火藥的混合物，在人們的驚叫聲中把這混合物點燃，爆炸場面並沒有發生。

然後，他又將滿滿一箱的硝化甘油和火藥的混合物，放在燃燒的柴堆上，爆炸依然沒有發生。

接著，他的助手提著同樣的一箱材料，走到一處六十英尺高的岩石上，將箱子投下去。諾貝爾站在岩石下，箱子落到他的身邊時，人們發出陣陣驚呼聲，他紋絲不動地站著並微笑著，爆炸依然未如人們料想的那樣發生。

諾貝爾宣佈檢驗甘油炸藥安全性能的這三個試驗結束了，圍觀的群眾終於鬆了口氣，紛紛誇讚新型炸藥並不像傳說中那樣可怕。

但是，諾貝爾的表演並未結束，接著向人們展示新型炸藥威力。

他把那些試驗過的材料分別放在一根橡木上、一塊大石塊上和一個大鐵桶上，然後分別引爆。圍觀者剛剛鬆弛的心情又再次緊張了，在民眾目瞪口呆的神情裡，諾貝爾輕鬆鎮靜地完成所有程式。震天動地的爆炸聲過後，現場除了零碎破爛的一些殘骸外，什麼都沒有了。

這樣強大的爆炸力，讓人們驚呆了。

諾貝爾和助手們又在一個石坑裡鑽進十幾英尺深，然後填上十幾磅炸藥，接著用雷管引爆。一聲轟隆巨響後，一個巨大的坑呈現在人們面前，那些堅硬的岩石碎如粉末。

所有在場的礦場主和鐵路建設者先是驚訝，而後便是狂喜。威力十足的炸藥，這不正是他們開礦、通路時渴望的東西嗎？誰都明白，這種新型炸藥將會給自己帶來多少巨大的財富。

在這樣一次影響巨大的表演之後，再沒有人對甘油炸藥提出質疑了。甘油炸藥的廣泛運用使築路和開礦進入一個新的時代，諾貝爾的「工業王國」更向前邁開了一大步。

諾貝爾進行表演性的爆炸試驗，不但是一次釋疑的表演，更是一次絕妙的宣傳。在現代經濟戰中，這種規模巨大、給人強烈刺激感覺的廣告方式屢見不鮮，它們往往假借種種名義，實際上只爲了給人留下深刻印象。

【第2章】

道、天、地、將、法

孫子提出了奪取戰爭勝利所必須具備的五個基本條件，即「道」、「天」、「地」、「將」、「法」，也就是通常所說的天時、地利、人和，以及將帥才能和法令制度。透過對敵我雙方在這五種客觀條件方面的對比，可以判斷戰爭的勝負。

燕昭王重用樂毅富國強兵

樂毅獨率精銳的燕國部隊長驅直入，勢如破竹，一連攻下齊國七十餘座城池。一個國家的富強離不開良臣的輔佐，燕昭王重用樂毅富國強兵就是一例。

樂毅是戰國初期魏文侯手下名將樂羊的後代，喜好兵法，文武雙全。樂毅聽說燕昭王正在招賢納士，便投奔燕國，被封為亞卿。

燕國地處偏僻，國小人少，曾被齊國打敗，燕昭王對此耿耿於懷。樂毅被封為亞卿後，日夜操練軍隊，演習攻防戰術，很快就訓練出一支攻必克、守必固的精銳部隊。燕昭王向樂毅請教復仇之計，樂毅說：「齊國是個大國，土地遼闊，人口眾多，單憑燕國的力量是不夠的。如果大王一定要伐齊，最好聯合趙、魏、楚三國共同出兵。趙、魏、楚三國對齊國恨之入骨，大王派使者去，他們肯定會出兵。」

原來，此時齊國的國君齊湣王仗著齊桓公創下的霸業，驕橫無比。他向南擊潰楚軍，向西打敗趙軍、魏軍，將齊國的地盤擴大了一千多里。楚、趙、魏對齊國又恨又怕，只是苦於無人敢率先起兵討伐。

果然，楚、趙、魏一聽說要伐齊，立刻回應燕昭王的號召，積極派兵參戰。

燕昭王見識到了樂毅的勇武和足智多謀，任命他為上將軍，統率全國軍隊。這時，韓國也主動加入了攻伐齊國的行列。於是，樂毅統率燕、趙、韓、魏、楚五國的軍隊浩浩蕩蕩地向齊國推進，在濟水將齊軍打得一敗塗地。

濟水一戰後，趙、楚、韓、魏奪得了齊國的數座城池後便班師回國。樂毅獨率精銳的燕國部隊長驅直入，勢如破竹，一連攻下齊國七十餘座城池，齊軍望風而降，齊湣王也險些被活捉。

樂毅將齊國的珍寶財物和齊王祭祀用的禮器都運載回燕國，燕昭王親自到濟水邊慰勞燕軍、犒賞將士，並把昌國賜給樂毅作領地，封樂毅為昌國君。

一個國家的富強離不開良臣的輔佐，燕昭王重用樂毅富國強兵就是一例。

秦穆公善用百里奚

秦穆公善用蹇叔、百里奚等文臣，又擢用西乞術、白乙丙、孟明視等良將，使得秦國日益強壯，躍居春秋五霸之一。

秦穆公派公子到晉國求婚，晉獻公答應把女兒嫁給秦國，還送了一些奴僕作為陪嫁。百里奚就是作為陪嫁的奴僕之一，但在半道上，他偷偷溜走，逃到楚國。為了謀生，他給楚人看牛，經他看管、飼養的牛長得特別肥壯。百里奚從此出了名，連楚成王也知道了，就派他去看管戰馬。

起初秦國公子以為跑了一個奴僕根本沒當回事，秦穆公看了陪嫁的名單裡有百里奚的名字，便問：「怎麼沒見到這個人呢？」

公子答道：「他是虞國人，是個亡國的大夫，半路上跑了。」

後來，秦穆公瞭解到，百里奚是個挺有本領的人，可惜英雄無用武之地。派人打聽後，得知百里奚在楚國看管戰馬，秦穆公便想用厚禮從楚國換回百里奚。一位謀士說：「這千萬使不得。楚人不知道他有本領，才讓他去看馬。要是用重禮去換，楚成王明白其中的奧秘，就不會放人了。」

於是，秦穆公就按當時奴隸的身價，派使者帶了五張羊皮去見楚成王，「敝國有個奴隸叫百里奚，犯了法，躲在貴國，請讓敝國贖回。」

楚成王果然沒有一絲懷疑，就將百里奚交給秦國。

秦穆公和百里奚談富國強兵之道，接連談了三天，深感他確實是個人才。秦穆公要封百里奚爲相國，百里奚沒答應，說道：「我的朋友蹇叔比我強得多呢，最好把他請來。」

秦穆公聽說後，立即派公子去請蹇叔。

蹇叔原本不願應聘做官，但因爲百里奚懇切相邀，便答應到秦國。公子又跟蹇叔的兒子西乞術和白乙丙聊了一會，覺得他們也是不可多得的人才，於是徵得蹇叔的同意，父子三人一起來到秦國。

秦穆公見了蹇叔，請教怎樣做個好君主，蹇叔對答如流。秦穆公非常高興，第二天就封蹇叔爲右丞相，百里奚爲左丞相；封西乞術、白乙丙爲大夫官職。沒多久，百里奚的兒子——有名的武將孟明視也千里迢迢前來投奔秦國。

秦國廣招人才，操練兵馬，發展生產，國勢日益強盛。當時，西戎、姜戎經常進兵侵犯邊界，秦穆公便派孟明視率兵征討，佔領了瓜州一帶的土地，使秦國更加強大了。

秦穆公善用蹇叔、百里奚等文臣，又擢用西乞術、白乙丙、孟明視等良將，使得秦國日益強壯，躍居春秋五霸之一。

齊桓公任用管仲富國強兵

得一良將勝得千軍，管仲任齊相期間，齊桓公推行法制，富國強兵，北服戎狄，南威荊楚，九合諸侯，一匡天下，成為春秋時期第一位霸主。

周莊王十二年（西元前六八五年），齊國公子小白擊敗他的哥哥公子糾，爭得君主之位，史稱齊桓公。

在王位爭奪戰中，功勞最大是鮑叔牙，齊桓公要任命他爲相。但鮑叔牙堅辭不就，認爲管仲比自己有才能，一再推薦管仲爲相。齊桓公爲了創建霸業，不計較管仲曾經幫助公子糾爭位，還差點一箭射死他的舊仇，按鮑叔牙的意見，擇定吉日，在文武大臣陪同下把管仲從郊外接到宮中。

齊桓公誠懇地對管仲說：「寡人剛剛執政，人心未定，國力不強，想創建法度整頓綱紀，富國強兵，望仲父不吝賜教。」

管仲謙讓再三，然後提出廢公田，薄稅斂、省刑法、設鹽鐵官、製作農具、鑄錢幣、調整物價、士農工商各守其業……等一整套治理國家意見。

齊桓公聽了之後，精神爲之一振，並進一步問道：「仲父的治國方略，使寡人頓開茅塞。只是，現在齊國兵微將寡，難以威服四方，募兵擴軍又缺財力，不知該如何解決？」

管仲答道：「自古兵貴精而不貴多，強於心而不強於力。只要上下同心同德，就能克敵制勝。大王應該隱其名務其實，採取寓兵於農的辦法。」

齊桓公急切地問道：「何謂寓兵於農？」

管仲說：「這是一種花費少、功效大的辦法，既能發展生產，又能建立一支強大的軍隊的辦法。」管仲見齊桓公聽得很認眞，就接著說：「齊國全境可分爲工商與農鄉。工商專心經商，爲國家積累財富，免服兵役；農鄉平時種田，五家編爲一軌，十軌爲一里，四里爲一連，十連爲一鄉。每家出一人，五人爲伍，二百人爲卒，二千人爲旅，萬人爲一軍。這樣，士兵即農民，農忙時務農，農閒時訓練打獵，戰爭之時出戰。大家互相認識，彼此熟悉，居則同樂，死則同哀，守則同固，戰則同強，足以橫行天下。」

齊桓公頻頻點頭說：「這樣組建軍隊，既不增加國家開支，也不會引起各諸侯國的猜疑和不安，眞是有百利而無一害。」

兩人越談越投機，連續談了三天。隨即，齊桓公正式任命管仲爲宰相，讓他治理國家，並當著文武百官宣佈：「國家大政，先後仲父，次及寡人，有所施行，一憑仲父裁決。」

管仲任齊相後，按寓兵於農的法則，建立了一支戰鬥力很強的軍隊。周釐王二年（西元前六八〇年），齊桓公在鄄（今山東鄄城縣北）與宋、陳、衛、鄭會盟，開始稱霸諸侯。

周惠王十三年（西元前六六四年）山戎攻打燕國，燕向齊求救。齊桓公以「尊王攘夷」爲口號，親率大軍北征，與燕軍配合，擊敗山戎。周惠王十六年（西元前六六一年），狄人進掠邢國，滅亡衛國。齊桓公聯合宋、曹二國軍隊，大敗狄人，中原各國都稱頌齊桓公，尊他為霸主。

這時，南方的楚國國力日強，向中原發展，屢次進攻鄭國。齊桓公轉而向南，聯合中原諸國攻楚。楚被迫求和，聯軍與楚在召陵（今河南偃城東）結盟後退回，中原因而得到暫時的安定。

得一良將勝得千軍，管仲任齊相期間，齊桓公推行法制，富國強兵，北服戎狄，南威荊楚，九合諸侯，一匡天下，成為春秋時期第一位霸主。

天候是不可忽視的因素

嚴寒擊敗拿破崙軍隊，事件過了一二九年後，歷史又出現了驚人的重複，德國希特勒也遭到了同樣的下場，天候是戰場不可忽視的因素。

戰爭史上，應用天候致勝的情況屢見不鮮，諸如三國時期關雲長水淹七軍用的是「水」，諸葛亮草船借箭靠的是霧，周瑜火燒赤壁借的是風。軍事家巧妙運用自然現象，顯現出無可抵禦的力量。

天候與戰爭勝敗緊密相關，這類事在外國同樣很多。

一八一二年拿破崙指揮五十萬大軍攻打俄羅斯，直陷莫斯科。這時，拿破崙幾乎征服整個歐洲，簡直不可一世。孰料，零下四五十度的嚴寒向不習慣於冰天雪地作戰的法軍襲來，每天都有幾千人凍斃在風雪之中，士兵們失去戰鬥力，法軍一敗塗地，最後拿破崙幾乎是隻身逃回法國。

嚴寒擊敗拿破崙軍隊，事件過了一二九年後，歷史又出現了驚人的重複，德國希特勒也遭到了同樣的下場。

一九四一年六月二十二日，德軍向蘇聯發起進攻，迅速向莫斯科挺進，妄圖在冬季到來之前消滅蘇聯。不料，這一年冬季提前來臨，十月六日一場大雪後，氣溫急劇下降。十一月十三日降至零下八度，十二月初到零下三十度。衣單履薄的德軍，成批地凍死於莫斯科郊外。

德軍由於缺乏防寒設施和裝備，汽缸不著火，水泵凍壞，裝甲部隊失去了戰鬥力。在蘇聯紅軍及嚴寒雙重打擊下，德軍全線潰退，至一九四二年二月底，兵力損失一百萬以上，僅凍傷者即達十一萬之多。

另一個案例發生在元朝，當時元世祖忽必烈威迫日本稱臣，遭到拒絕，於是謀劃東征日本。

忽必烈派人去高麗督造戰艦九百艘，集結元軍與高麗軍三・三萬人，於一二七四年進攻日本，侵佔了日本對馬島和壹岐島。不料，十一月二十六日，元軍遭遇海上暴風雨，沉沒戰船二百艘，不得不決定退兵，乘夜逃回。

西元一二八一年六月，元朝再次聯合高麗出兵日本。忽必烈命范文虎率江南軍十萬，出動戰船三千五百艘；高麗則派出四萬士兵，乘戰船九百艘出征，於七月攻佔日本平壺島、壹岐島等。

不料，八月二十三日，元軍又突然遇颱風，艦船幾乎全部沉沒或毀壞。范文虎乘船逃走，十四萬大軍只有三人活著回來。

日本四面環海，元軍不瞭解颱風的規律，兩次均遭到颱風襲擊，損失慘重，最後以失敗收場。

天候是戰場不可忽視的因素，以上兩個案例正說明此點。

陳嘉庚與他的橡膠園

作為一位商人，看得出商機，懂得謀算，必定會有豐厚盈利，著名的華人企業家陳嘉庚的事例正說明了這點。

二十世紀初，三十歲的陳嘉庚開始在新加坡創業，最早經營的是罐頭廠。有一天，他從一位英國朋友那裡聽說英國一家公司在新加坡高價收買橡膠，便敏銳地意識到這項事業的前景十分看好。於是，他開始轉而投資經營橡膠園，很快橡膠園的規模已發展到五千英畝。

這時，他遇到一個巨大的逆浪。

由於種植橡膠成本低而獲利豐厚，英商、日商紛紛擁來，一時間，膠園遍佈南洋。產量大幅度增加，超過了市場的需求量，導致市場供過於求，價格急劇下跌，陳嘉庚的膠廠也因虧損而部分停產。

面對這波撲面而來的逆浪，陳嘉庚並沒有退縮，選擇勇敢地迎浪搏擊。他透過大量的資訊分析，從滿天陰霾中看到了無限的光明。他預測由於橡膠用途之廣無與倫比，二十世紀將是橡膠的時代，眼前的生產過剩和利潤減少只是暫時的。同時，他還瞭解，南洋一帶的橡膠業是英國的重要稅收來源，英國政府絕不會坐任橡膠價格繼續下跌。

於是，陳嘉庚做出了一個大膽的決策，就在人們紛紛出賣膠園、膠廠時，他卻到馬來西亞等地，耗資三十多萬元買下了九所膠廠。

隨後，他又投資一百多萬元擴充和改造了這些膠廠的設備，並對自己原有的膠廠進行整修。

同時，他還看到熟膠製造在當時多爲英商所獨佔，自己的膠園只能向他們提供橡膠原料，便又籌集資金，新建了橡膠熟品製造廠，形成了膠園種植、原料加工、熟品製成等系列化生產。

不出陳嘉庚所料，一九二二年十一月，英國政府果然採取強制性措施，使膠價開始回升，橡膠業又恢復了生機，陳嘉庚與他的橡膠事業進入了新的發展時期。

作爲一位商人，看得出商機，懂得謀算，必定會有豐厚盈利，著名的華人企業家陳嘉庚的事例正說明了這點。

隨波逐流，穩固勢力

政治上的權謀家善於投機取巧，在政治嗅覺上都有超人的靈敏度，而且不怕旁人的白眼，這也是他們仕途順利的「法寶」。

中國南宋時期，奸臣把持朝政，貪污腐敗橫行，階級矛盾和民族矛盾都十分尖銳，國勢日見衰微。

到了末期的宋理宗、宋度宗兩朝，又出現了一個奸臣賈似道，把持朝政十五年，最後使南宋爲元朝所滅。賈似道當權時，不乏阿諛奉承、諂媚討好的人，方回就是其中的一個。

方回著有《桐江詩集》六十五卷，宋理宗時中進士，當時以詩文爲人們所稱道，詩寫得很好，其中有不少反映現實生活之作。

例如，《路傍草》描寫戰爭中土地荒蕪，房屋倒塌，一派淒涼景象，「間或遇茅舍，呻吟遺稚老。常恐馬蹄響，無罪被搶討。逃奔山谷中，又懼虎狼咬。一朝稍蘇息，追胥復紛擾。」

詩中描寫窮苦百姓生活的艱難，還不如路邊的小草的哀歎。

《彭湖道中雜書》五首，寫道：「每逢田野老，定勝市廛人。雖復語言拙，終然懷抱眞。如何官府吏，專欲困農民。」

詩中對農民傾注了同情，對擾民、害民的官吏，發出了不平的譴責。

方回既有同情農民、哀歎勞苦百姓生活艱難的詩歌，也有粉飾太平向權貴獻殷勤、求富貴的詩歌，這正是他人品上的不足之處。

方回中進士後，惟恐當不上官，向奸臣賈似道獻《梅花百詠》詩，奉承賈似道和表達自己的忠心。後來，方回見賈似道將要倒台，又見風轉舵，向皇帝上賈似道十可斬的奏疏，因而未被治罪，反被任命爲嚴州知府。

方回在人品上更不足取的，是他的「唱高調」。南宋末年，元兵大舉進攻南宋，元兵將至之時，方回高唱死守城池、與城池同亡的論調，不料，等元兵一到，立刻望風迎降，毫無民族氣節。

歸降後，方回曾任元朝建德路總管，但好景不長，不久就被罷官。

政治上的權謀家善於投機取巧，在政治嗅覺上都有超人的靈敏度，而且不怕旁人的白眼。他們不時做出令常人不齒的舉措，這也是他們仕途順利的「法寶」。這種行徑固然不可取，但是他們的敏銳、快速卻是我們應該學習的。

詹妮芙．派克靠時差取勝

夏威夷與紐約時差整整五個小時！詹妮芙贏得了至關重要的幾個小時，以事實為基礎提出論證，催人淚下的語言，使大陪審團的成員們大為感動。

詹妮芙．派克是美國鼎鼎有名的女律師，尚未成名之前，曾被自己的同行——老資格的律師馬格雷先生愚弄過一次。

恰恰是這次愚弄，使詹妮芙小姐名揚全美國。

事情的經過是這樣。一位名叫康妮的小姐被美國「全國汽車公司」製造的一輛卡車撞倒，司機踩了煞車，然後卡車把康妮捲入車下，導致她被迫切除了四肢，骨盆也被輾碎。

康妮說不清楚是自己在冰上滑倒摔入車下，還是被卡車捲入車下，汽車公司的辯護律師馬格雷則巧妙地利用了各種證據，推翻了當時幾名目擊者的證詞，康妮因此敗訴。

絕望的康妮向詹妮芙·派克求援。詹妮芙經過調查，掌握了該汽車公司近五年來的十五次車禍原因完全相同，說明該汽車的制動系統有問題，急煞車時，車子後部會打轉，把受害者捲入車底。

詹妮芙對馬格雷說：「卡車制動裝置有問題，你隱瞞了它。我希望汽車公司拿出二百萬美元賠償康妮小姐，否則，我們將會提出控告。」

老奸巨滑的馬格雷回答道：「好吧，不過，我明天要去倫敦，一個星期後回來，屆時我們再研究一下，做出適當安排。」

一個星期後，馬格雷卻沒有露面。詹妮芙感到自己上當了，但又不知道爲什麼上當。目光掃到了日曆上，她終於恍然大悟，訴訟時效已經到期了。詹妮芙怒沖沖地打電話給馬格雷，馬格雷在電話中得意洋洋地放聲大笑：「小姐，訴訟時效今天到期了，希望妳下一次變得聰明些！」

詹妮芙幾乎要氣瘋了，問秘書：「準備好這份案卷要多少時間？」

秘書回答：「需要三、四個小時。現在是下午一點鐘，即使我們用最快的速度草擬好訴狀，再遞交到法院，那也來不及了。」

「時間！時間！該死的時間！」詹妮芙小姐在屋中團團直轉。突然，一道靈光在她的腦海中閃現：「全國汽車公司在美國各地都有分公司，為什麼不把提起告訴的地點往西移呢？隔一個時區就差一個小時啊！」

位於太平洋上的夏威夷在西十區，與紐約時差整整五個小時！對，就在夏威夷提出告訴！

詹妮芙贏得了至關重要的幾個小時，以事實為基礎提出論證，催人淚下的語言，使大陪審團的成員們大為感動。陪審團一致裁決詹妮芙小姐勝訴，「全國汽車公司」必須賠償康妮小姐六百萬美元！

因地制宜才能開創商機

「和洋折衷」的飯店，這種旅館風格果然大受歡迎，隨著生意不斷發展，浦木逐漸把浦島飯店擴大，博得「關西飯店王」的封號。

美麗的風光本身並不能產生財富，只有和休閒旅遊產業結合起來，才能帶來無盡的財富。

在風景秀麗的日本狼煙山半島上，有一座面臨太平洋、俯視四方的浦島飯店，創始人叫浦木清十郎。

日本經濟起飛後，人民生活大幅改善，遊山玩水的人越來越多，觀光旅遊事業也隨之蓬勃發展。看到這種形勢，浦木感到從事旅遊業比原本的林業更有前途，因此擔任了浦島觀光股份有限公司的總經理。

浦木清十郎既看到了旅遊業的發展前景，也注意到來此的觀光客都有在這裡歇息一晚的需求，於是當機立斷，增設旅館房間，及時滿足了遊客的需求，增加了營業收入。

有一天，浦木清十郎又想，來日本觀光的外國遊客，如果仍舊請他們住西洋式旅館，肯定會感到乏味，另一方面，習慣穿和服的日本客人，也不願睡床。根據這一分析，他決定把飯店建成「和洋折衷」的飯店，形式上是西式的，實質卻是日本式的，有榻榻米，有浴衣。

這種旅館風格果然大受歡迎，隨著生意不斷發展，浦木清十郎逐漸把浦島飯店擴大到東京晴海、三重縣二見、川湯溫泉、串本町等地方，擁有職工五百人，全年可接待遊客八十萬人，營業額達到六十億日元。浦木清十郎因此博得「關西飯店王」的封號。

浦木清十郎創業成功的關鍵，就在於做到了因地制宜。

【第3章】

智、信、仁、勇、嚴

孫子早在兩千五百多年以前就已經認識到，智、信、仁、勇、嚴是為將者必須具備的基本素質，這個觀點極大地影響了後來的中外軍事學家和統帥。

商鞅取信於民

商鞅公佈變法令，雖然新法遭到一些貴族特權階層反對，但最終成功。言而有信、令出必行，是一個將領建立威信的基礎，也是至為關鍵的要素。

商鞅是中國古代知名的政治家，以推動秦國變法圖強聞名。

商鞅原本是衛國的沒落貴族，聽說秦孝公下令求賢，風塵僕僕來到秦國。秦孝公聽了商鞅談論富國強兵之道，很贊同他的變法主張。西元前三五六年，秦孝公任用商鞅實行變法，法令內容包括：打破土地上的縱橫田界，承認土地私有、買賣自由，獎勵耕戰，建立郡縣制。

但是，商鞅擔心老百姓不信任新法，為了取信於民，就效法吳起的立信方法，在國都咸陽的南門外，立起一根三丈高的木柱子，命官吏看守，並且下令：誰將此木搬到北門，賞黃金十鎰。

當時圍觀的人很多，但大家一是不明白此舉的意圖，二是不相信有這等好事，沒人敢去搬動。

商鞅聞報，又下令把賞錢增加到五十鎰。

聽了新的賞格，老百姓更加懷疑了。但重賞之下必有勇夫，不出三天，就有一個不信邪的壯漢，把那木柱扛到了北門。

商鞅立刻召見了搬木柱的人，賞給他五十鎰黃金。

這個消息不脛而走，舉國轟動，大家都說商鞅有令必行，有賞必信。

第二天，商鞅立即公佈變法令，雖然新法遭到一些貴族特權階層反對，但最終還是順利推行。

言而有信、令出必行，是一個將領建立威信的基礎，也是至爲關鍵的要素。

太史慈智截奏章

太史慈走了一程後，又折回京都，把郡守的奏章呈送上去。太史慈的故事說明，身為將領要有勇有謀，才算好的將軍，有勇無謀只是平庸之輩。

《戰爭論》作者克勞塞維茨曾說：「任何一次出其不意的攻擊，都是以詭詐為基礎。」

的確，善於心理作戰的人，總是會運用一些別人忽略的方法，獲得自己想要的結果。不管任何形式的競爭，都必須根據不同情勢，採取相對應的方針，如此才能獲得勝利。活用智慧，才能爲自己創造更多機會。

太史慈是三國時期的名將，以智勇雙全聞名。

東漢末年，宦官專權，官場腐敗，官吏們爲了一己私利，爾虞我詐、互相攻擊。當時有一個奇特的現象是：官司打到朝廷，誰先告狀，誰就能贏。太史慈就遇到了這樣一樁事。

太史慈所在的州郡中，刺史（州的最高長官）與郡守（郡的最高長官）翻了臉，刺史搶先一步，派人把奏章送入京城，郡守寫好奏章時，已晚了一步。郡守決定挑選一名精明能幹的人設法搶在刺史之前把奏章送上去，太史慈被郡守選中了。

太史慈懷揣郡守的奏章，馬不停蹄地趕到京都洛陽，發現刺史派來的人正在接受奏章的官署前等候，還沒有把奏章送上去。

太史慈心生一計，拍馬上前，裝作朝廷命官的樣子問：「你是哪裡來的？是送奏章嗎？」

刺史派來的官吏不辨眞假，如實回答。

太史慈又問：「奏章的格式有沒有錯誤啊？拿給我看看！」

那人立即從車中取出奏章，雙手呈給太史慈。太史慈接過奏章，看了一遍，隨即取出一把刀子，把奏章劃成碎片，又乘對方驚愕之際說：「我是奉郡守之令來察看刺史的奏章是否已經呈遞上去的，不過，郡守並未讓我毀掉刺史的奏章。現在我們是難兄難弟了，大丈夫四海為家，我們何必為了他們之間的勾心鬥角賣命呢？不如我們都逃走吧！」

太史慈說服那名官吏與他一起逃出京城，然後各奔前程。太史慈走了一程後，又折回京都，把郡守的奏章呈送上去，方才回到故鄉向郡守交差。

刺史得知自己的奏章被毀，急忙再寫奏章，日夜兼程送往京城，但為時已晚，這場「窩裡鬥」，以刺史失敗告終。

太史慈的故事說明了，身為將領要有勇有謀，才算得上是好的將軍，有勇無謀只是平庸之輩。

林肯不去地獄去國會

林肯出其不意，另一方面以智慧贏得了民眾的尊敬，同時表明了自己的志向，充分展現了自己的智慧。

林肯與道格拉斯同時競選伊利諾州參議員，兩人因此成了冤家。二人約定從斯普林菲爾德出發，進行一場競選辯論。出發的前一天，他們共同到當地教堂去做禮拜。

道格拉斯是當時美國第一流的政治紅人，牧師為了討好他，先請他上台講話。道格拉斯一上台就利用機會拐彎抹角地把林肯挖苦一番。最後，他仍然想「指揮」一下林肯，戲劇性地說：「女士們，先生們，不願去地獄的人，請站起來。」

全場的人都站了起來，只有林肯坐在最後一排沒站起來。道格拉斯奚落說：「林肯先生，你打算去地獄嗎？」

林肯仍然坐著，不慌不忙地說：「道格拉斯先生，我本來不準備發言的，但既然你一定要我回答，那麼我只能告訴你，我打算去國會。」

在場民眾聽了，不禁哄堂大笑。

道格拉斯處心積慮，想使林肯進退兩難，讓自己立於不敗之地。若是林肯站起來，便是聽從自己的指揮；若不站起來，就表示他要下地獄。

然而林肯卻出其不意，巧妙地回答「我打算去國會」，一方面擺脫了自己的困境，另一方面以智慧贏得了民眾的尊敬，同時表明了自己的志向，充分展現了自己的智慧。

彼得大帝削弱敵人士氣

向世人控訴敵人的殘暴，向敵人展示自己的仁愛，這是增強己軍義憤、鬥志，打擊敵人士氣、決心的有效的手段和策略。

《孫子兵法》裡強調：和敵人鬥智鬥力的時候，一旦發現敵人有可乘之隙，就必須立即乘虛而入，而且不能洩漏本身的意圖和行動，必須根據敵情決定最有效的作戰方案。

彼得一世在位的時候，俄國和周圍鄰國連年征戰。在作戰中，彼得一世十分重視利用各種手段削弱敵人士氣，鼓舞自己部隊的戰鬥意志。

一七〇五年，彼得一世把兩個從瑞典逃回的俄國士兵帶到英國、普魯士和荷蘭三國駐莫斯科大使面前。兩個士兵的手指、腳趾全都被剁掉了，樣子慘不忍睹，三國大使看了驚顫不已。

士兵告訴大使們，這是當著瑞典國王的面被剁掉的。大使看過之後，彼得一世對他們說：「看吧，這就是瑞典人的暴行。他們說我們是野蠻人，可是我們是怎麼對待瑞典俘虜的？我們替他們治傷，讓他們吃飽吃好。瑞典人比我們野蠻一百萬倍以上！」

面前血淋淋的情景，讓英國、普魯士和荷蘭大使對俄國人產生同情。

隨後，彼得大帝讓這兩個士兵到俄國各個部隊，以現實遭遇講述瑞典人的暴虐殘忍。彼得大帝還向俄軍官兵宣講瑞典人的種種可怖行爲，例如瑞典人曾經把囚禁著二千多個俄國俘虜的房屋澆上汽油，然後點火燃燒，裡面的俄軍被俘人員全部被活活燒焦。瑞典國王查理二世還親自下令，把那些俘虜的哥薩克騎兵用帶刺的棍子打得皮開肉綻，鮮血淋漓。此外，所有在喀朗施塔得戰役中遭俘獲的俄軍官兵，都被瑞典人殘酷地殺死，他們被疊成一堆，瑞典人用刺刀、梭鏢和馬刀一一將他們剁成幾段。

這些聳人聽聞的殘酷事例，引起俄軍官兵一致義憤。他們打從心底裡仇恨瑞典人，在戰鬥中士氣高昂，誓死拼殺。

與此同時，彼得大帝卻寬厚地對待敵人的俘虜。他在親自制定的《軍隊操典》中規定：軍人必須遵守「軍人道德」，不論在盟國還是在敵國，都不得擾害和平居民，違者處死。

他還曾給前線指揮官下達訓令：「絕對不要胡作妄爲，全體將士必須嚴格履行遵守善良軍人所應有的一切道德。」

坡爾塔瓦大戰勝利後，彼得大帝下令把被俘的敵軍將官請來，和藹地和他們講話，親手把戰刀還給這些被俘的戰將，還請他們與自己共進午餐，並且設宴款待所有被俘軍官。

對於其他被俘虜的普通士兵，他也給予豐盛的飯食。

彼得大帝對敵軍被俘將士寬恕的態度，也影響了俄軍官兵。在對普魯士戰爭中，雖然敵人下令「絕不憐憫一個俄國人」，並常常把俄軍被俘官兵拋到土坑裡活埋，但俄軍卻仍以寬厚態度對待敵軍俘虜。

彼得大帝和俄軍寬仁厚待俘虜的消息傳到敵軍耳朵裡，大大動搖了他們拚死抗戰的決心。有時戰爭進行到不利地步，敵軍官兵往往不再抵抗，因爲他們知道抵抗可能死去，投降卻不會有絲毫生命之危。

彼得大帝當然不是仁慈之人，厚待敵軍俘虜和極力宣講敵軍虐待俘虜一樣，都是作戰策略。而且這種策略發揮了良好的效果，加強了俄軍的道德力量，大大降低了敵人的士氣。

向世人控訴敵人的殘暴，向敵人展示自已的仁愛，這是增強己軍義憤、鬥志，打擊敵人士氣、決心的有效的手段和策略。

郭子儀將勁敵變成助力

郭子儀大智大勇，未費一刀一槍就將勁敵回紇轉化為盟友，又借助回紇人的力量打敗吐蕃，捍衛了大唐的疆域。

唐代宗寶應二年（西元七六三年），西北邊疆的吐蕃糾集回紇等其他民族，共二十多萬人氣勢洶洶地殺入大震關，一度攻入京都長安。唐代宗命長子李適爲元帥駐守關內，命老將郭子儀爲副元帥，率兵赴咸陽抵禦。

郭子儀在平定安史之亂時與回紇建立了友好關係，加上果敢善戰，身先士卒，回紇人十分欽佩，都稱他爲「郭公」。郭子儀決定利用這層關係拆散回紇與吐蕃的聯盟，把回紇拉到自己這邊，共同對付吐蕃。

爲此，郭子儀派部將李光瓚去「拜訪」回紇頭領藥葛羅。藥葛羅得知郭子儀來到前線，大爲驚異，因爲他在出兵前聽說郭子儀和唐代宗已經死了，於是提出要見見郭子儀。

李光瓚回到軍營，將藥葛羅的話轉告郭子儀，郭子儀立即決定到回紇軍營跟藥葛羅「敘敘舊」。郭子儀的兒子和衆將領紛紛勸他不要去冒險，又說：「即使去，最少也要帶五百精兵當護衛，以防萬一。」

郭子儀笑道：「以我們現在的兵力，絕不是吐蕃和回紇的對手，如果能說服回紇退兵，甚至說服回紇與我們結盟，那就能打敗吐蕃。冒這個險，十分値得！」說罷，只帶領幾名騎兵向回紇軍營進發，同時派人先去回紇軍營報信。

藥葛羅及回紇將領聽說郭子儀來了，都大驚失色。藥葛羅唯恐有詐，下令擺開陣勢，他本人則彎弓搭箭立於陣前，準備開戰。郭子儀遠遠望見，索性脫下盔甲，將槍、劍放在地上，獨自策馬上前。

藥葛羅見來者果然是郭子儀，立即召喚衆將跪迎郭子儀入營。郭子儀見狀，連忙下馬，將藥葛羅及衆將攙起，攜手進入軍營。

郭子儀對藥葛羅說：「回紇曾爲大唐平定安史之亂出過不少力，唐王也待回紇不薄，這一次爲什麼要來攻打大唐呢？」

藥葛羅羞愧地說：「郭公在上，我們回紇人不說假話，這一次出兵實在是被大唐叛將僕固懷恩騙來的。僕固懷恩說郭公和代宗皇帝都已不在人世，如今郭公就在眼前，我們馬上退兵！」

郭子儀說：「我們大唐兵多將廣，像安祿山、史思明這樣的叛亂都能平定，吐蕃與安、史相比尚且不如，哪裡會是大唐的對手？如果回紇能與大唐聯手，共同打敗吐蕃，代宗皇帝一定會感謝你們的。」

藥葛羅激動地說：「我們回紇聽郭公的！就這麼辦！」說罷，命令士兵取酒來，與郭子儀盟誓，郭子儀連連拱手致謝。

回紇人十分講信義，盟誓之後，立即調兵遣將，向吐蕃發起攻擊，郭子儀也傾全軍精銳同時向吐蕃發起進攻。吐蕃大敗，損兵折將數萬，倉皇逃命而去。

郭子儀大智大勇，未費一刀一槍就將勁敵回紇轉化爲盟友，又借助回紇人的力量打敗吐蕃，捍衛了大唐的疆域。

洛克菲勒負債經營辦企業

想要發展自己，有時可以負債經營。洛克菲勒從開創小商行到買下這家公司，無一不是負債經營，然而他卻成功了，由此可見他過人的膽識與智慧。

《孫子兵法》強調：聰明的人在思考問題、制定謀略時，才能兼顧利與害，充分考慮到有利的方面，同時也要考慮到不利的一面。必須衡量對方的實力，能打就打，不能打就要避開正面交鋒，再伺機行事。不論競爭或是談判、交涉，總是虛虛實實，軟硬不斷替換。

約翰·洛克菲勒是「洛克菲勒王朝」的創建者，號稱美國企業界的拿破崙。

一八五五年，洛克菲勒中學畢業後，在休伊特．塔特爾商行找到了一份工作。到了一八五八年，他已經掙到年薪六百美元。然而，他知道自己對這家公司的貢獻遠不止於此，因此要求加薪。

這個要求被拒絕了。洛克菲勒一氣之下，找到了莫里斯．克拉克，兩人決定合資創辦企業。

洛克菲勒當時僅有八百美元，於是就向父親借了一千美元。此後，爲了擴大初創的企業，他一再到父親那裡告貸，借錢的利息總是一〇〇%。第一年，他們的代理商號經銷了四十五萬美元的貨物，從中賺取四千美元，第二年盈利又上升到一．七萬美元。

一八六三年，撒繆爾．安德魯斯加入了克拉克．洛克菲勒商號，並建議經營煉油業。這項建議得到了克拉克與洛克菲勒的一致同意。

但是，到一八六五年初，生意蒸蒸日上的公司由於合夥人意見分歧而分裂了。洛克菲勒對於克拉克在擴大業務方面所表現的畏畏縮縮態度愈來愈惱火，這時商行已負債十萬美元，但洛克菲勒還想進一步擴大企業。雙方僵持不下，於是同意將企業出售給出價最高的人。

最後，洛克菲勒以七．二五萬取得。

洛克菲勒當時沒有這麼多錢，只能設法從銀行借出七．二五萬美元給克拉克。

洛克菲勒後來和一位友人敘舊時說：「那一天是我一生中最重要的一天。這一天，決定了我的事業。」

自身的經濟實力不足，想要發展自己，有時可以負債經營，以求賺回更多的錢，壯大自己的實力。洛克菲勒從開創小商行到買下這家公司，無一不是負債經營，然而他卻成功了，由此可見他過人的膽識與智慧。

拿破崙智勇兼備一舉成名

拿破崙深知攻城須善用智謀，面對堅城，硬攻不如巧攻。在土倫戰役中的睿智、英勇表現，也讓拿破崙一舉成名。

一七九三年夏秋之季，法國南部港口土倫被王黨份子和英國艦隊佔領。九月，征討叛亂的革命軍開始對土倫展開圍攻。

起初，革命軍把攻城火炮配置在距城較遠的地方，步兵的衝擊得不到炮兵火力支援，因而幾次失利。後來，革命軍又以火炮直接轟擊城市，但土倫城防堅固，並有英國軍艦支援，也一直未能成功。

這時，拿破崙分析了多次失敗的原因，向上司提出自己的攻城建議。他認為，土倫城堅、靠海，而且有外敵支援，必須講究戰術，採取有效策略。因為城堅而不易攻破，應該圍城打援。他建議把火炮移向海邊，直接轟擊停泊在港口內的英國軍艦，迫使英軍棄城保艦，土倫城失去外敵的支援，城內叛黨就能輕易對付。

上司讚賞拿破崙的設想，命令他制定具體的作戰計劃，並委派他擔任攻城炮兵的副指揮官。

按照拿破崙的作戰方案，革命軍必須把兵力從港灣東岸的遠郊集中到西岸的小直布羅陀高地，奪取制高點，而後從那裡的小直布羅陀炮台和埃吉利耶特炮台直接轟擊港內的英國軍艦，控制港口出入門戶，截斷英艦後路。

為此，拿破崙親率士兵在小直布羅陀高地北面秘密構築一個炮兵陣地，為奪取小直布羅陀炮台做好準備。

十一月初，炮兵陣地已經構築成功。拿破崙本想藉橄欖樹掩護來轟擊高地，然後奪取小直布羅陀炮台和埃吉利耶特炮台。可是，法軍戰場指揮官頓涅卻未能聽取拿破崙的勸告，還沒有部署就緒便下令炮擊，結果暴露了自己的陣地，打亂了作戰部署。在敵人全力猛攻的形勢下，頓涅敗退，使革命軍的炮台陣地落入敵手。拿破崙獲悉炮台失守的消息，立即率領部隊前去援救，又奪回了陣地。

一七九三年十二月十五日，革命軍發動了圍攻土倫之戰。拿破崙命令炮兵猛烈轟擊敵軍炮台，經過兩天連續猛轟，完全摧毀了敵人的工事。

十七日傍晚，法軍七千餘人開始向高地進行總攻。敵人仍然負隅頑抗，使進攻的法軍受到挫折。就在這個時候，拿破崙率領預備隊衝入敵陣，最後擊潰了敵軍，搶佔了埃吉利耶特炮台和小直布羅陀炮台。

隨後，法軍立即配置火炮，向港內的英國軍艦開火。英軍大驚，害怕葬身土倫港內，慌忙地逃出港口，進入地中海，向公海遁去。土倫王黨陷入驚慌失措境地，革命軍便一鼓作氣攻克了重鎮土倫。

拿破崙深知攻城須善用智謀，面對堅城，硬攻不如巧攻，因而採取了圍城打援策略，消除後顧之憂，然後再集中兵力殲滅守敵。在土倫戰役中的睿智、英勇表現，也讓拿破崙一舉成名。

信譽是無可取代的財富

凱薩琳只用了短短十年工夫，就把一家家庭式的小麵包公司變成現代化大企業。凱薩琳的成功，再次證明了信譽是無可代替的財富。

凱薩琳．克拉克準備開一家小麵包公司。

開業那天，凱薩琳和丈夫、女兒舉行了一次家庭會議。

她嚴肅地說：「我開公司只堅持一個原則，永遠不改變。」

丈夫問她的原則是什麼，她說：「我的原則很簡單，以誠取信。」

爲了取信於消費者，她在包裝上都註明了烘製日期，絕不賣超過三天的麵包。

她認爲，新鮮度是頂頂重要的條件，只要在消費者心目中樹立起良好信譽，銷路就會一天天增加。

起初，這項堅持給她帶來了巨大的麻煩。因為新產品上市，銷路不可能立刻好起來。滯銷的麵包一多，要執行「不超過三天」的規定就相當困難了。尤其是各經銷店大都怕麻煩，雖然過期麵包由凱薩琳回收，但他們不願天天檢查、換來調去，寧願把過期的麵包留在店裡賣。

許多人還抱怨凱薩琳未免太認真，麵包放三天並不會壞，為什麼非要三天換一次不可？

凱薩琳仍然堅持自己的原則，並針對經銷商方面的問題，實行了一套新辦法。由公司派人把新鮮的麵包用車直接送給經銷商，按地區編排了一個循環表，每天送一次，同時把經銷商店沒賣完的過期麵包收回。

這樣的方法雖然增添麻煩，但卻使「超過三天不賣」的原則得以堅持實行，保證了上市麵包的新鮮。

一年秋天，一場水災導致凱薩琳所在的加州糧食緊缺，但凱薩琳的原則依然如故，還是照樣派車出外將超過三天的麵包收回來。

某天，運貨員開車從幾家偏遠的商店回收了一批過期麵包，在返回途中被一群饑餓的民衆截住了。民衆們希望購買車上的麵包，運貨員十分爲難，說什麼也不肯把麵包賣給這些人，於是被誤解爲有意「囤貨居奇」，人越圍越多。

這時，恰巧有幾個記者跑來，探詢發生什麼事情。他們一聽覺得有趣，一方面是饑餓的民衆急需購買麵包，一方面是運貨員礙於公司的規定，怎麼也不敢賣車上過了期的麵包。

「傻瓜，送上門的生意都不做！我們吃不到麵包，你們卻把麵包收回作廢，你就不能變通一下嗎？」民衆吼叫起來。

「不是我不肯賣，」運貨員哭喪著臉說：「實在是我們老闆規定太嚴格。她規定，不論任何時候、任何情況，都不允許任何人賣過期麵包，如果把過期麵包賣給你們，我的飯碗就砸了呀！」

他的話雖然引人同情，但怎麼能止得住饑腸轆轆的民衆，仍然遭到一片抗議。

記者代表大家出來說話：「先生，現在是非常時期，你就把這車麵包賣了吧，總不能讓這些人餓著吧？」

運貨員無奈，急中生智，以神秘的表情湊到記者耳邊說：「賣，我是說什麼也不敢的，如果他們強行上車去拿，就沒有我的責任了。」

「那豈不是搶劫嗎？」記者說。

「他們把麵包拿去，憑良心留下應付的錢，那就不是搶劫了。」

大家恍然大悟，不一會兒，一車麵包被「強買」一空。運貨員心眼多，要記者拍幾張他阻止群衆強拿麵包的照片，以便向老闆交代。與記者分手時，他還叮囑記者，千萬別把此事披露出去，否則自己飯碗就保不住了。

但是，這幾位記者還是將這件事登了出來，成了轟動一時的新聞。凱薩琳公司的麵包新鮮、誠實無欺，給消費者留下深刻的印象。

凱薩琳麵包公司的聲譽陡然上升，銷路大增，不到半年，銷量增了五倍多。

正因爲這一點，凱薩琳只用了短短十年工夫，就把一家家庭式的小麵包公司變成現代化大企業，每年的營業額從二萬多美元猛增到四百萬美元。

凱薩琳的成功，再次證明了信譽是無可代替的財富。

【第4章】

因利制權

分析了決定戰爭勝負的客觀條件之後，《孫子兵法》進一步論述了主觀因素對於戰爭成敗的極端重要性，提出了「因利而制權」的戰略原則，強調必須因勢利導、靈活用兵才能夠克敵制勝。

王莽殺逆子博美名

王莽滿腹政治野心，為了博取美名，無所不用其極，在關鍵時刻更狠得下心，逼迫自己的兒子自殺，也藉此達成自己的目的。

西漢哀帝寵信董賢，外戚丁、傅兩家得勢，身爲大司馬的王莽家門前車馬日漸稀少。王莽審時度勢，決定暫時歸隱，以圖東山再起，於是上書請求退職，皇上馬上批准了。

王莽雖然賦閒在家，仍杜門自守，對外人以禮相待，對家人嚴格要求。

有天，王莽剛吃完早飯，正在閉目養神，聽到門外吵吵鬧鬧，還夾雜著女人的哭聲。王莽推開大門，走了出去，只見一個婦人抱著個未滿周歲的孩子跪在院子大聲喊冤，王家僕人怎麼勸，她都不起來。

王莽連忙走過去，從那婦女手中接過正在哭的孩子，溫和地對她說：「大嫂，妳有什麼事站起來說吧。有什麼我能替妳出力的地方，我一定幫助妳。」

婦人一見王莽，抱著他的雙腿嚎啕大哭，邊哭邊訴：「大司馬，可找到你了，我這天大的冤屈，有處可伸了。我早就聽說大司馬辦事秉公執法、廉潔公正，從不徇私枉法。」

王莽道：「大嫂，妳有什麼冤就說出來吧！」

婦人道：「大司馬，你有所不知，我家的丈夫是你二兒子王獲的家奴，為人老實，本來在王獲那兒幹得好好的，可不知為什麼，昨天二公子竟將他活活打死了。我聽說是二公子與他因一件小事發生爭執，就下此毒手。可憐我們這孤兒寡母，以後日子可怎麼辦？王大人，你可得為我做主啊！」

王莽知道王獲老是在外面惹事，沒想到竟闖下如此大禍。他臉色陰沉，對家人說：「快去將二公子叫來。」

王獲得知後，不以為意地說：「父親真是的，何必為了這麼點小事興師動眾？」

見到王莽，王獲道：「父親，你有何事找我？」

王莽氣不打一處來，「你還裝糊塗！我問你，昨天你幹了什麼錯事？」

王獲道：「昨天？錯事？喔，不就是打死了一個家奴嗎？這有什麼大不了的，誰讓他頂撞我……」

王莽呵斥道：「你給我住口！你這個畜生，草菅人命，還胡說八道！我想，你自己該知道如何解決這個問題。」

王獲一看父親眞的動怒了，這才害怕起來，求情道：「父親，你就饒了孩兒這一回吧，以後我一定好好聽你的話，不幹這種蠢事。」

王莽道：「哼，下次？以後？已經晚了！你自行了斷吧，這樣至少可以落得一個好名聲。」

王獲渾身發抖，衆僕人呼啦啦跪倒了一大片，紛紛說：「大人，念在公子年幼，又是初犯，您姑且饒過他這一次吧。」

王莽道：「王子犯法，也要與庶民同罪，豈可枉顧法律？我一生的英名，怎能因爲這件事和這個不爭氣的兒子而毀了？王獲年紀輕輕就視殺人如兒戲，以後還了得！王獲，刀在這兒，你自己了斷吧。」

王獲不停跪著叩頭，衆僕人也不斷求情，王莽道：「好，你殺了人，是因爲我這個做父親的教子無方，你不償命，就由我來償命吧。」說完就要往牆上撞。

王獲無奈，只好當著那孤兒寡母的面自殺身亡。

王莽對那婦人道：「大嫂，兇手已償命了，妳也不要太傷心，妳以後的生活問題由我負責，我一直供養你們母子直到老，怎麼樣？」

那婦人：「王大人大義滅親，眞是天下最最公正無私的人！」

這件事在京城傳爲佳話，街頭巷尾都能聽到人們對王莽的讚美，同時，周護、宋崇等又上書說王莽如何如何賢明，漢哀帝於是又將王莽召進宮中服侍太后。

王莽滿腹政治野心，爲了博取美名，無所不用其極，在關鍵時刻更狠得下心，逼迫自己的兒子自殺，也藉此達成自己的目的。

時勢不同，做法也要不同

忽必烈連軟帶硬逼南宋權相賈似道結盟，接受了宋稱臣納貢的條件後，便率心腹幹將和大軍北上，到斡難河灘爭皇位去了。

忽必烈在元憲宗蒙哥大汗即位爲皇帝後，經常率兵征戰。由於他是蒙哥大汗兄弟中最堪委付大任的，蒙哥便把掃平江南、一統中國的重責大任交給他完成，命他「領治蒙古，漢地民戶」，「乃屬以漠南漢地軍國庶事」。

忽必烈也不負所望，逐步統一中國。

元憲宗二年秋七月，忽必烈奉詔率師遠征雲南大理，對南宋形成包圍之勢。八月駐兵臨洮，修利州城，命軍士屯田以作攻巴長久計。三年十月渡大渡河，乘革囊及木筏過金沙江，懾降摩娑蠻王，十二月進至大理城，與其主段氏一同榜示安民，收服大理。

元憲宗八年，蒙古兵大舉攻打南宋，忽必烈奉命「統諸路蒙古、漢軍伐宋」，並告「戒諸將毋妄殺」，以求收攬宋地民心，減小對抗心理。八月渡淮，入大勝關，一路勢如破竹。

就在忽必烈節節勝利中，元憲宗率領的部隊受阻於四川釣魚城，連元憲宗自己也中箭駕崩於軍帳，士氣大為損傷。

九月，得知蒙哥死訊，朝廷下旨軍隊北歸，忽必烈反而以「奉命南來，豈可無功遽還」相拒，統兵急進圍攻鄂州城，想以戰功作為資本競爭帝位。就在這緊要關頭，他的妻子遣脫歡、愛莫干急馳至軍中，告知大臣阿藍答兒、渾都海、脫火思等人謀立阿里不哥事。忽必烈急得顧不了許多，急議退兵，令南宋使者來見。

忽必烈連軟帶硬逼南宋權相賈似道結盟，接受了宋稱臣納貢的條件後，便率心腹幹將和大軍北上，到斡難河灘爭皇位去了。

楊廣以怨報德

正是高熲所為，才為楊廣日後奪得太子位鋪平了道路。從這一點看，後來做了皇帝的楊廣倒是應該感謝高熲，而不該挾怨報復。

大隋朝太子與第二代皇帝的位置，原本沒有楊廣的份。他的兄長楊勇，早就被立爲隋皇太子，牢牢固據權位，也頗得人心。偏偏楊廣聰慧、敏捷，長於弓箭和攻城兵法，在兄弟中最得楊堅與獨孤氏歡喜。

隋朝取代北周後，開始準備吞併江南。

開皇八年（西元五八八年），晉王楊廣領行軍大元帥，節制行軍元帥秦王楊俊、清河公楊素、蘄州刺史劉仁恩、荊州刺史王世積、盧州總管韓擒虎、吳州總管賀若弼、青州總管弘農藍縈等，率領五十一萬大軍，皆出所守之地，「其勢東接滄海、西拒巴蜀，旌旗丹楫，橫亙數千里」，欲越江而定吳越。

大兵所至，勢如破竹，最後滅陳而檄定江南，「天下皆稱廣，以爲賢」。對楊廣來說，出兵滅陳，無疑是天賜的建功立業、謀勢奪嫡的大好機會。

不過，在楊廣伐陳中，流傳著一個小小的插曲。楊廣久慕張麗華之嬌容，隋兵從井中撈得陳後主夫妻後，便想留下張麗華歸自己享用。

誰知高熲不賣人情，反而以「昔太公蒙面以斬妲己，今豈可留麗華」，並立斬張氏於青溪，一代傾城傾國的美女頓時香消玉殞。楊廣得報，恨恨說「昔人云『無德不服』，或必有以報高公矣」，遂生出殺高熲之心。

殊不知，正是高穎所爲，才爲他日後奪得太子位鋪平了道路。若非如此，楊堅、獨孤皇后豈會改立他爲太子？娶了張麗華不就等於向天下人說他和楊勇一樣嗎？

從這一點看，後來做了皇帝的楊廣倒是應該感謝高穎，而不該挾怨報復。

唐太宗玄武門之變

李世民發動武裝政變，武力奪得太子的地位和處理軍國庶事的權力，並在不久後迫逼李淵禪位為太上皇，爬上了大唐王朝天子的寶座。

唐太宗李世民在唐朝建立前後，立下不少功勞。

唐朝建國後，李淵立李建成爲太子，但這並沒有削弱李世民內心深處實現「異人」與「偉岸」的夢想，多次率軍出戰，試圖立下戰功謀奪大位。

李世民先平定薛舉、薛仁杲父子，奪取隴右，從根本上解除長安李氏政權東征的後顧之憂。其次，討伐盤據代州的劉武周。

劉武周多年盤據代北，所部「人性勁悍，習於戎馬」，一直是李淵父子的勁敵和心腹之患，經一年多的實力消耗戰之後，李世民所率唐軍終於收復了山西全境，並擁有代北諸州。至於李世民自己的最大收穫，則是招降了武藝高強的尉遲敬德並引爲心腹。

尉遲敬德也頗夠義氣，洛陽城外刺單雄信於馬下，敗王世充軍救秦王駕，在後來的秦王、太子、齊王爭位中，屢卻太子、齊王的賄賂和策反、招降，並在玄武門事變中冒矢而進，手刃齊王李元吉，武力恃迫高祖李淵封世民爲太子，委以軍國庶事，報了李世民的知遇之恩。

武德三年七月，李世民奉詔東征關東王世充、竇建德部，掃平中原。

李世民以心戰、兵戰兩方面的優勢，擊敗了固守東都洛陽的鄭帝王世充，爲唐朝統一全國取得了政治上的先聲。與此同時，李世民自己又收編了秦叔寶、程知節、羅士信等大批軍將，使「東方諸州望風款服」，兵不血刃地爲唐所有。虎牢關敗俘竇建德，滅靠農民軍起家的夏政權；武德四年與竇建德舊部劉黑闥戰洺州，迫其敗逃突厥。

武德七年，李世民力排衆人遷都避突厥之意，廷折乃兄太子建成等人，壯心豪言「不出十年，必定漠北」，並與元吉一起督軍豳州，抵抗突厥騎兵……

正是這些軍功的累計，造就了他位在諸王之上的優勢，並得住西宮，與住在東宮的太子李建成分庭抗禮。這時，李世民潛在內心深處的權力慾望也在長孫無忌、杜如晦、房玄齡、尉遲敬德等人助漲下不斷膨脹。

李世民一面蓄養死士擴大武力，一面納賄後宮、結交權臣，開始了謀嫡的勾當。最終，李世民於武德九年六月三日在玄武門發動武裝政變，親手射殺太子李建成、呼引朋類格殺齊王李元吉，武力奪得太子的地位和處理軍國庶事的權力，並在不久後迫逼李淵禪位爲太上皇，爬上了大唐王朝天子的寶座，君臨天下。

明成祖發動靖難戰爭

歷史就是這樣，時時都在重演著驚人相似的情節。歷朝歷代都少不了為奪取皇位而兄弟鬩於牆內、推刃同類的喋血鬥爭。

明成祖朱棣登上皇位，本質和李世民差不多，只不過，他選擇的方式是「武裝叛變」，以武力奪取政權。

朱棣是明太祖朱元璋的第四兒子，洪武三年（西元一三六九年）封爲燕王，駐守燕京，與晉王、代王、遼王鎮守邊疆，一起擔起抗擊蒙元殘餘勢力的大任。

洪武二十三年，朱元璋命燕王、晉王等諸王出兵漠北，進討蒙古丞相咬住、太尉乃兒不花。朱棣聽取傅友德等能征兵善戰的將領的計謀，統兵避實就虛而進，直搗乃兒不花老巢迤都山，咬住等歸降，獲其輜重、牛羊、婦女以歸，聲名大振。

二十五年夏四月，朱棣率傅友德諸將出塞，敗敵而還。二十九年二月，朱棣率部巡大寧邊大敗蒙古軍隊，漠北震動。明軍勒石告天而還，如霍去病燕然山刻銘故事，朱棣軍功蓋於朝廷。

洪武三十一年五月，一輩子疑神疑鬼的朱元璋臨死前為了確保朱明江山萬年，以及年幼的孫子朱允炆皇位永固，詔明「都督楊文從燕王棣、武定侯郭英從遼王植，備禦開平，俱聽燕王節制」，為朱棣奪取皇位提供了更有利條件。

建文元年七月五日，朱棣起兵反叛，發動了「靖難戰爭」，最終如願奪取了皇位。

歷史就是這樣，時時都在重演著驚人相似的情節。歷朝歷代都少不了為奪取皇位而兄弟鬩於牆內、推刃同類的喋血鬥爭。此時人性、道德、孝悌都被拋卻到九霄雲外，成了點綴盛時的禮花。皇位的誘惑與皇帝至高無上的權力，促成乃至逼迫著皇子們為了得到皇位而勾鬥，彼此耍陰謀、鬥心計。

太過認真，只會招來忌恨

領導讓下屬提意見，有時只不過是為了做做樣子，博些美名，一定要暗揣領導心意，辨明真假，千萬不可太過認真，要懂得避重就輕。

漢元帝劉奭上台後，將著名的學者貢禹請到朝廷，徵求他對國家大事的意見。這時，朝廷最大的問題是外戚與宦官專權，正直的大臣難以在朝廷立足，對此，貢禹不置一詞，不願得罪那些權勢人物。

想來想去，貢禹只給皇帝提了一條，即請皇帝注意節儉，將宮中眾多宮女放掉一批，再少養一點馬。

其實，漢元帝這個人本身就很節儉，早在貢禹提意見之前已經施行了許多節儉的措施，包括裁減宮中多餘人員及減少御馬。貢禹只不過將皇帝已經做過的事情再提一遍，漢元帝自然樂於接受。於是，漢元帝便博得了「納諫」的美名，而貢禹也達到了迎合皇帝的目的。

《資治通鑑》一書的作者司馬光，對貢禹的這種做法很不以爲然，批評說：「忠臣服侍君上，應該要求他去解決國家面臨的最困難問題，其他較容易的問題就迎刃而解了；應該補救他的缺點，他的優點不用說也會得到發揮。漢元帝即位之初，向貢禹徵求意見時，他應當先國家之所急，其他問題可以先放一放。就當時的形勢而言，皇帝優柔寡斷，讒佞之徒專權，是國家亟待解決的大問題，對此貢禹一字不提；恭謹節儉，是漢元帝的一貫心願，貢禹卻說個沒完沒了，這算什麼？如果貢禹不瞭解國家的問題，根本算不上什麼賢者，如果知而不言，罪過就更大了。」

司馬光不明白，這正是貢禹老於世故之處。

古代的皇帝，在即位之初，或在某些較爲嚴重的政治關頭，時常下詔求言，讓臣下對朝政或他本人提意見，表現出一副棄舊圖新、虛心納諫的樣子，其實這大多是故作姿態，做做表面文章而已。

有一些實心眼的大臣卻十分認眞，不知輕重地提了一大堆意見，也因此常招來嫉恨，埋下禍根，遭到帝王打擊、報復。

貢禹卻十分精明，專揀君上能夠解決、願意解決，甚至正在著手解決的問題去提，卻迴避重大的、急需的、棘手的問題。這樣避重就輕，避難從易，避大取小，既迎合了上意，又不得罪人，表明他做官的技巧已經十分圓熟老道了。

領導讓下屬提意見，有時只不過是爲了做做樣子，博些美名，一定要暗揣領導心意，辨明眞假，千萬不可太過認眞，要懂得避重就輕，做做樣子就行了。

審時度勢，才能取得優勢

投上所好，迎合上意，是讓領導寵信自己不得不具備的心機，要把這一策略運用得巧妙嫺熟，必須善於審時度勢，把握時機。

李林甫是唐玄宗時代的權臣，也是中國歷史上以「口蜜腹劍」遺臭千年的大奸臣。李林甫一度和張九齡共事，張九齡正直不阿，對唐玄宗後期的亂政行爲經常直言極諫，使得唐玄宗下不了台。相對的，李林甫卻總是順著唐玄宗心意，處處和張九齡唱反調。

西元七三六年（開元二十四年）秋天，唐玄宗住在洛陽，原來定好了等到第二年春天再返回長安，可是他覺得洛陽宮中有詭怪，倉促決定要起駕西行，便召來宰相張九齡等人商議。

張九齡考慮到當時正是秋季，農民正忙於秋收，皇帝車駕一過，千騎萬乘，沿途所經之處，又要派民工修路，又要由地方安排吃住，很是擾民，便建議說：「現在正值秋收大忙，等過兩個月再說吧！」

李林甫看出唐玄宗很不高興，等張九齡退下以後，便獨自留了下來，對唐玄宗說：「長安、洛陽是陛下東西兩座宮殿，往來遷住，還要擇什麼時候？如果擔心妨礙秋收，只要免除沿途所經之處的租稅不就行了嗎？請允許我去通知各部門做準備，即日出發西行！」

這話很對唐玄宗的心意，同意由他全權安排。

又一次，唐玄宗很讚賞駐守邊防的將領牛仙客，認爲他節約開支、倉庫充實、器械精良，想加封他一個「尙書」的頭銜。張九齡又不同意，說道：「這麼做不大合適，這個職位只有曾經當過宰相的人，或者德高望重的人才能擔任，牛仙客本是一個邊關小吏，一下子提拔到這樣重要的職位，會使人看輕朝廷。」

唐玄宗退了一步，想賞牛仙客一個爵位，賜給他一部分土地，張九齡還是不同意，「爵位、土地，是用來獎勵有功之臣的，牛仙客作爲一個邊將，充實倉庫、修造器械，是他應盡的職責，算不了什麼軍功。如果認爲他辦事勤勞，賞他些金銀綢緞足夠了，封爵賜地未免太超過了。」

唐玄宗沉默不語，李林甫看出皇帝又不高興了，等張九齡退下去以後，又表態說：「牛仙客是一個當宰相的材料，更何況只是加封尙書頭銜！張九齡是個書呆子，不識大體。」

唐玄宗看出李林甫事事處處支持他，對他更是滿意。然而張九齡依然堅持自己的意見，並指出：「牛仙客這個邊關小吏，大字不識，讓這樣的人擔當大任，恐怕會讓天下人失望。」

因此，唐玄宗對他極爲不滿，李林甫趁機說：「只要有才幹便可當官，幹嘛非要有學問？天子用人還會有什麼錯誤嗎？」

牛仙客終於被封爲隴西縣公，賞賜三百戶，後來的事實證明，牛仙客是一個庸碌的人，居官期間，毫無作爲。

後來，唐玄宗受寵妃武惠妃蠱惑，想要廢黜太子及另外兩個兒子，並將此事通知張九齡。張九齡勸阻道：「陛下即位三十年，太子和幾位王爺都不曾離開過您，每天都接受您的教誨，如今都已長大成人，又沒有什麼大過錯，怎麼能夠因爲一些毫無根據的流言蜚語，就將他們廢掉呢？」

力陳廢掉太子可能帶來的後患之後，張九齡表示：「倘若陛下一定要這樣做，恕臣不能從命。」

這使得玄宗老大不快，李林甫看出這是討好皇帝的時機了，便透過一個宦官頭子遞話說：「這是皇上自己家中的事，何必去問外人？」

就這樣，張九齡因堅持自己的意見，不迎奉、不苟合，使皇帝對他越來越疏遠；而李林甫事事投上所好，迎合皇帝，並不斷地說張九齡的壞話，越來越贏得皇帝歡心。最後，張九齡丟掉了相位，李林甫成爲朝中最有權勢的大臣，禍害國家達十多年之久。

投上所好，迎合上意，是讓領導寵信自己不得不具備的心機，要把這個策略運用得巧妙嫻熟，必須善於審時度勢，把握時機。只不過，心機要用在正確的地方，倘若運用心機禍國殃民，便不足爲取了。

齊國從崛起到衰敗

齊湣王剛愎自用，嫉賢妒能，造成了人才上的巨大流失。經過一番沉重打擊，齊國已元氣大傷，國力衰微，雄風難覓，遠遠不是強秦的對手了。

齊國曾是威風八面的天下霸主，春秋爭霸，齊國首強。當年齊桓公在管仲輔佐下，打出「尊王攘夷」的大旗，北伐山戎，南抑強楚，救衛存邢，勤王平亂，九合諸侯，一匡天下，成爲春秋時代的第一個霸主，也奠定了齊國的大國地位。

到了戰國時代，齊國的王室已非太公姜子牙的後裔，而是原爲卿大夫的田氏家族。西元前四八一年，田成子弒殺齊簡公，開始了政權的轉移。西元前三八六年，周王室正式承認田成子後裔田和的諸侯地位，姜齊政權被田齊政權取代。

國內政權的轉移並沒有影響齊國的東方大國地位。在戰國中期，實際上形成了西秦、東齊、南楚三強鼎立爭奪中原的局面，特別是齊威王當政時代。

齊威王以鄒忌爲相，重用一大批士人階層出身的知識份子，賞即墨大夫，誅阿大夫，在齊國實行社會改革，整頓吏治，廣開天下言路，重視發展農業生產，督察奸官邪吏，扭轉了齊威王即位之初屢遭外敵入侵的局面。

在鄒忌、淳于髡、田忌、孫臏等人輔佐下，齊威王的改革確實達到了富國強兵的目的，使得「諸侯震驚，皆還齊侵地，威行三十六年」。

爲了廣泛聽取群臣、百姓對朝政的建議和批評，齊威王曾向全國下發一道特別的「賞言令」：「群臣吏民能面刺寡人之過者，受上賞；上書諫寡人者，受中賞；能謗議於市朝，聞寡人之耳者，受下賞。」

據說，此令初下之日，群臣上書言事者蜂擁而至，幾乎擠破宮門；數月之後，已是門前冷落車馬稀；一年的時間過去了，有人雖然求賞心切，但卻無言可進，無書可上，可謂「吾君無過」、朝政盡善盡美了。

開明的治國政策不僅使齊國威名遠揚，而且國內群賢畢出，人才濟濟。正是由於有一大批賢士輔佐，齊國的國威更加蒸蒸日上。

改革變法使齊國朝野團結一致，政治面貌煥然一新，開始追求霸業，稱雄諸侯。齊威王及其兒子齊宣王以鄒忌爲丞相，田忌爲將軍，孫臏爲軍師，先後在桂陵、馬陵兩大戰役中大敗不可一世的魏國軍隊。「於是，齊最強於諸侯，自稱爲王，以令天下」。

齊國還在國都臨淄稷門外建立稷下學宮，廣招各國學者、名士講學，鼓勵「百家爭鳴」，備極一時之盛。

齊威王死，其子齊宣王即位，繼續執行齊威王重用賢能之士的用人路線，在齊國的稷下學宮中雲聚了天下的名士和學者。

齊國最爲強盛的時代，是在齊湣王任用孟嘗君田文爲相時期。

齊湣王任用田文，採取了近交遠攻和窮兵黷武的政策，拉攏勢力較弱的韓、魏等國，南擊強楚，西抗暴秦，大肆兼併土地，擴張勢力，並取得了一系列的勝利。但是，這種窮兵黷武政策，雖然擴大了疆土，卻使得「積蓄散、民憔悴、士罷弊、民力竭」，而齊湣王在國內誅殺賢能之士，又使得「百姓不附」、「宗族離心」、

「大臣不親」。總之，齊湣王的對外、對內政策導致齊國國力下降、內外交困的嚴重後果。

當孟嘗君田文遭齊湣王猜忌而出奔魏國後，數次受挫於齊的秦國首先行動起來了，開始實施蓄謀已久的打擊、削弱齊國的計劃。秦國一方面直接派遣將軍蒙驁率領一支勁旅穿越韓、魏之境，遠程奔襲齊國，拿下了河東九座城邑，一方面展開頻繁的外交活動，派出說客遊說列國，鼓動策劃共同伐齊之謀。

燕國本來就與齊國有著破都亡國的深仇大恨，在這場行動中充當主力和急先鋒的角色。

西元前二八四年，燕國進行全國戰爭總動員，以樂毅爲上將軍，統率燕、秦、韓、趙、魏五國聯軍幾十萬兵馬浩浩蕩蕩地殺奔齊國。號稱擁有地方兩千里、帶甲之士數百萬的齊國竟然無法進行像樣的抵抗。樂毅一路勢如破竹，攻克連齊都臨淄在內的七十餘座城邑，只剩下即墨和莒兩城。齊湣王倉皇出逃，最後被名爲救齊實來瓜分齊國的楚國大將淖齒殺死。

齊國之所以在齊湣王統治晚期驟然衰落，並遭受毀滅性打擊，還有一個重要原因，就是齊湣王一改齊威王、宣王時期重才如金、惜才如寶的用人政策，剛愎自用，嫉賢妒能，造成了人才上的巨大流失。

雖然後來齊國大將田單採用「反間計」和「火牛陣」大破燕國軍隊，盡行收復失地，但經過一番沉重打擊，齊國已元氣大傷，國力衰微，雄風難覓，遠遠不是強秦的對手了。

先給甜頭，再砸磚頭

秦國採取了「欲擒故縱」的策略，先和齊國修好，使其麻痺大意，這就是兵法上的「先禮後兵」之術——先給「甜頭」，後砸「磚頭」。

《孫子兵法》強調「上兵伐謀」，認爲「上等用兵方法是以謀取勝，其次是以外交手段取勝，下等用兵方略是採用攻城手段」。

秦國能統一六國，首先就在謀略正確，「遠交近攻」和「連橫破縱」兩大基本策略，讓秦國很順利地掃平各國，又不至於受到其他國家的攻擊。

秦國對待齊國，就是採取「遠交近攻」戰略的典型，先和齊頭友好交往，給予「甜頭」，待到五國滅亡之後，再砸「磚頭」，使齊國傾於滅亡。

滅亡五國之後，齊國便是秦國掃滅六國的最後一個目標了。

西元前二六五年，齊襄王死，君王后所生之子建即位，是爲齊王建，國家大權掌握在君王后手中。

齊王建即位後，對秦國攻滅六國的軍事行動不予干涉，坐視三晉、燕、楚逐一被秦國所滅。齊國的這種政策，正中秦國「遠交近攻」政策的下懷。齊國的中立政策和東面臨海的特殊地理位置，雖然使它收到了「四十年不受兵」的好處，然而當韓、趙、燕、魏、楚逐一被秦國消滅之後，齊國的末日也就來臨了。

其實，秦國施行「遠交近攻」戰略的時候，對齊國能否保持中立也沒有十分的把握，因此發動長平大戰之前，即準備了兩種方案。一是若齊、楚兩國全力救趙，秦國就即刻撤兵；一是若齊、楚兩國在救趙問題上三心二意，秦國就全力攻趙。秦國君臣沒有料到的是，齊國不但沒有派出一兵一卒，而且拒絕借給饑餓的趙國一粒糧食，讓他們大大地鬆了一口氣。

從此，設法羈縻、拉攏齊國這個東方大國，使它不干涉秦國的軍事行動便成了咸陽君臣的既定方針。

秦王嬴政親政之後，不僅完全繼承了秦對齊的傳統方針，而且還進一步發揚光大。他先後採取了拉攏、收買、離間的手段，使齊國與秦國的關係愈拉愈近，與山東五國的關係越來越遠。

齊國的宰相後勝被秦國的重金賄賂所收買，並派大批賓客到秦國去。秦又用重金對這些賓客進行賄賂，爲秦國施行反間計。這些賓客回到齊國後，與齊相後勝一唱一合，鼓吹齊王建去咸陽朝見秦王，向秦王表明「不助五國攻秦」，如此便可以收到「不修攻戰之備」而永保江山的效果。

齊王建昏庸無能，只圖苟安，在齊相後勝等人蠱惑之下，不遠千里去咸陽朝見秦王政，以表明自己的誠心。

就在秦國統一天下的戰火照亮了東方的天空，韓、趙、魏、燕、楚五國在秦軍鐵蹄下呻吟並逐個滅亡的時候，遠離戰火的齊都臨淄卻另是一番歌舞昇平的景象，彌漫著淫侈腐朽的氣息。

齊國的滅亡只在旦夕。秦國的統治者和謀臣們認爲，反正齊國已是囊中之物，再沒有誰能與秦國抗衡，不如順水推舟，要齊國自動投降，俯首稱臣，既可免除一場戰爭，秦國也可減少犧牲。

於是，秦王派人給齊王建送來一封書簡，其意是說天下已定，特邀齊王建來咸陽一會。按照秦王政的想法，只要齊王建一入咸陽，就立即將其扣押起來，然後脅迫齊國投降，這樣秦軍就可以兵不血刃地開進臨淄，「和平統一」齊國。

雖然佞相後勝和滿朝賓客極力慫恿年老無能的齊王建西入咸陽俯首稱臣，然而齊國畢竟有忠心愛國的人在，在將軍雍門司馬和大夫即墨勸阻下，齊王建匆匆佈置防衛，戰戰兢兢地等著秦軍的到來。

秦王政計謀未得逞，當即寫好一道軍令，派人送往尚在代北的青年將領王賁營中。王賁剛剛生擒了燕王喜和代王嘉，意氣風發，鬥志昂揚，接到秦王的軍令之後，立即命令數萬兵馬拔寨而起。

王賁從原燕國南境發動攻齊戰役，一路上幾乎沒有遇到任何抵抗，直抵臨淄城下，結果「秦兵卒入臨淄，民莫敢格者」。齊王建無奈，被迫宣佈無條件投降，山東六國中的最後一個國家齊國被消滅。

齊國的滅亡，標誌著秦國掃滅六國任務結束，統一大業基本完成，剩下的只是掃除殘餘勢力了。

秦國在這場戰爭中，採取了「欲擒故縱」的策略，先和齊國修好，使其麻痺大意，等滅了其他諸侯國，最後才收拾齊國。同時，秦國成功地運用了離間計，使齊國奸臣當道，內部腐敗，兵士不訓，戰備不修，國防鬆懈，毫無反擊之力。

這就是兵法上的「先禮後兵」之術——先給「甜頭」，後砸「磚頭」。

【第5章】

兵者，詭道也

《孫子兵法》提出了「兵者，詭道也」的著名論斷，列舉了十二種戰術方法，後代人稱之為「詭道十二法」。兵法中強調「攻其無備，出其不意」，利用靈活的戰術、快速的機動和巧妙的偽裝來戰勝敵人。

王昭遠每戰皆敗

宋軍直逼成都城下，孟昶只好大開城門向宋軍投降。可笑王昭遠自比當年的諸葛亮，既不知己，更不知彼，打一仗敗一仗，枉自斷送許多將士的無辜生命。

趙匡胤陳橋兵變建立宋王朝後，先後平定了湖北、湖南，然後進兵後蜀，準備一統中國。

後蜀漢君孟昶驕奢淫逸，不問政事。丞相李昊爲保全巴山蜀水，建議孟昶與趙匡胤講和，知樞密院事王昭遠則竭力反對。王昭遠對孟昶說：「與其請和稱臣，不如聯合北漢，夾擊趙匡胤，令其退還中原！」

王昭遠平時自比諸葛亮，目空一切，實際上既無運籌帷幄之謀，又無領兵打仗之勇。但孟昶被王昭遠的言辭迷惑，任命他爲行營都統，趙崇韜爲都監，韓保正、李進爲正副招討使，率兵迎戰宋軍。

蜀軍長時期沒有訓練，將無良謀，兵無鬥志。蜀、宋在三泉寨相遇，副招討使李進拍馬出戰，只幾個回合就被宋將史延德活擒；招討使韓保正前去救援，也被史延德活捉。

蜀軍失去正、副主將，一哄而散。

王昭遠聽說前軍失利，便在利州（四川境內）停下，企圖扼險而守。宋將崔彥逼近王昭遠的大營，故意命令士兵百般侮罵，誘使王昭遠出戰。王昭遠果然中計，引兵出營。

崔彥且戰且退，待王昭遠覺察到離大營太遠時，宋軍的伏兵一湧而出，王昭遠拋棄大部隊，隻身一人逃回利州城。

第二天，崔彥追至利州城下，王昭遠率殘兵敗將迎戰，結果又一敗塗地，放棄利州，退回到劍門（四川劍閣東）。

不久，王昭遠聽到了宋軍東路軍已進佔益光（四川昭化）的消息，留下偏將守劍門，慌忙向東川逃去，宋軍隨後緊迫。

王昭遠慌不擇路，眼看宋軍越追越近，急切間躲入百姓的一間倉舍中。宋軍追至倉舍，將王昭遠活捉而去。

王昭遠被活捉後，宋軍直逼成都城下，孟昶只好大開城門，向宋軍投降。

可笑王昭遠自比當年的諸葛亮，既不知己，更不知彼，打一仗敗一仗，枉自斷送了許多將士的無辜生命。

朱可夫決勝哈勒欣河

朱可夫周密地偵察和精確地核證日軍的佈防情況、武器裝備和日軍的戰鬥能力等敵情，真正地做到了知己知彼，所以能在這場戰爭中獲勝。

一九三六年，日本軍國主義為實現獨霸亞洲、佔領蘇聯遠東地區的野心，企圖以快速突擊方式圍殲哈勒欣河東岸的蘇蒙部隊，奪取並擴大哈勒欣河西岸的廣大地域，為以後的軍事行動做準備。

為此，日軍將設在海拉爾的第六集團軍全部調到哈勒欣。

史達林識破了日軍的企圖，為確保遠東的穩定，給日軍毀滅性的打擊，經過慎重篩選，將這項重任交給了白俄羅斯軍區副司令員朱可夫。

朱可夫是一位士兵出身的傳奇將軍，後來晉升為蘇軍元帥、蘇軍最高統帥部副統帥、史達林的第一副手。他堅定地認為，戰術的突然性是決定這次戰役勝敗的關鍵，在精心擬定作戰計劃的同時，還擬定了一整套迷惑敵人的計劃，舉凡戰略物質的運輸、儲存，作戰部隊的調動、集結，各兵種的演練、佈防……等等，都在極其隱蔽的情況下進行。

朱可夫故意製造假情報傳遞給日軍，使用容易被破譯的密碼，有意識地讓日軍獲取「重要情報」。他還印製了幾千張傳單和一批《蘇聯紅軍戰士防禦須知》發給戰士，使日軍錯誤地認為蘇軍只是在組織防禦。

為保證進攻的突然性，朱可夫在發起進攻的十多天之前，運用各種音響器材逼眞地模擬出飛機的轟鳴聲、坦克的運行聲、大部隊的行進聲……等等，令日軍習以為常，遭到麻痺。

朱可夫在日軍毫無覺察的情況下，成功地把三十五個步兵營、二十個騎兵營、四九八輛坦克調到了預定的位置。在戰鬥行動前四天至前一天，他逐級向指揮官傳達戰役計劃，在進攻前三個小時才向戰士發佈戰鬥命令。

日軍計劃在八月二十四日向蘇軍發起進攻。

朱可夫則將進攻的時間提前了四天，定於八月二十日的凌晨。

二十日凌晨五時四十五分，總攻擊開始。蘇軍一百五十架轟炸機和近一百架殲擊機牢牢控制了制空權，開戰後的一個半小時內，日軍的炮火竟無力進行任何還擊。戰鬥進行了整整十天，入侵蒙古邊界的日軍第六集團軍全軍覆滅，蘇軍傷亡一萬人，日軍傷亡為五萬二千人至五萬五千人。

哈勒欣河戰役使日本軍國主義者對蘇聯的實力有了全新認識，哈勒欣河地區從此平靜下來，朱可夫也因此聲譽大增。

朱可夫運用各種手段，周密地偵察和精確地核證日軍的佈防情況、武器裝備和日軍的戰鬥能力等敵情，真正地做到了知己知彼，所以能在這場戰爭中獲勝。

適時說些讚美的言語

一味阿諛、曲意奉承的行徑固然要不得，但愛聽順耳之言乃人之天性，適當地說些讚美的言語，對自己的升遷必然大有裨益。

陳崇是南陽人士，是王莽的心腹親信之一。

元始二年，王莽之女被漢平帝聘爲皇后。這本是王莽爲鞏固自己地位而精心策劃的一個陰謀，但那些追名逐利之徒卻把它看作是一次攀龍附鳳的好機會，爭相上書爲王莽歌功頌德。

陳崇本人寫不出高明的奏章，但卻想出了一條請人代筆的「妙計」。他把號稱「博通士」的友人張竦找來，讓他炮製出一篇長達二千五百字的「稱莽功德」的奏章，然後署上自己的名字呈遞給王莽。

這篇出自名家之手的奏章，果然是不同凡響，廣徵博引，用盡美麗辭藻來吹捧王莽，說他「折節行仁，克己履禮，拂世矯俗，確然特立；惡衣惡食，陋車駑馬，妃匹無二，閨門之內，孝友之德，衆莫不聞；清淨樂道，溫良下士，惠於舊故，篤於師友」，簡直成了封建時代所提倡的一切美德懿行的典型和化身。

奏文還一一歷數王莽「建定社稷」的豐功偉績，慨歎自己能親臨其時，不虛此生。認爲王莽堪稱是空前絕後的聖人，任何封賞都不足以當其功德於萬一，要求朝廷效仿成王封周公的故事來對王莽加封行賞：「宜恢公國，令如周公；建立公子，令如伯禽；所賜之品，亦皆如之。諸子之封，皆如六子」。

此文一出，他人的奏章頓顯失色，陳崇爲此風光了一回。

最能夠表現出陳崇阿諛才能的，是他在居攝二年十二月給王莽的一篇奏章。當時，王邑剛剛平定了東郡太守翟義反對王莽的起義，擔任監軍使者的陳崇向王莽報告大捷。奏書除了說王莽是「奉天洪範、心合寶龜」的「配天之主」外，還把翟義的失敗，說成是王莽個人意志的勝利。

他感歎王莽有「慮則移氣、言則動物、施則成化」的才能，說「臣崇伏讀詔書下日，竊計其時：聖思始發，而反虜乃破；詔文始書，反虜大敗；制書始下，反虜畢斬；衆將未及齊其鋒芒、臣崇未及盡其愚慮，而事已決矣」。

在這裡，王莽簡直有任意旋乾轉坤的神力，一紙詔書竟然能夠打敗翟義的十萬大軍，荒誕不經到了無以復加的地步。

正是由於陳崇具有出衆的阿諛之才，深爲王莽信任，並隨著王莽篡漢陰謀順利進行而不斷加官晉爵，最終成爲王莽新朝的佐命重臣。

一味阿諛、曲意奉承的行徑固然要不得，但愛聽順耳之言乃人之天性，適當地說些讚美的言語，對自己的升遷必然大有裨益。

投其所好，會有不錯的回報

封建帝王的通病就是喜歡順旨之臣，盧杞投皇帝所好，把唐德宗玩弄於股掌，這正是盧杞權傾一時的原因。

唐朝德宗年間，盧杞當上宰相，倒行逆施，擅權誤國，朝野沸騰，皆將失都之罪歸咎於盧杞，盧杞因此被貶到廣東當新州司馬。

興元元年正月，唐德宗大赦天下，移盧杞為吉州長史，盧杞得意地說：「皇上一定會再起用我。」

果然，貞元元年正月，唐德宗令給事中袁高擬詔任命盧杞為饒州刺史。袁高當即向宰相盧翰、劉從一說：「盧杞作相三年，矯誣陰毒，排斥忠良，朋黨為奸，反亂天常，致使皇上逃往奉天，瘡痍天下，皆杞之所爲。幸赦不誅，又委大州，失天下所望。惟相公上奏，可阻其事。」

盧翰、劉從一不同意，改換中書舍人擬詔，詔書寫成，袁高又奏：「盧杞爲政，窮兇極惡，軍民視之如寇仇，恨不得食其肉，怎能再用呢？」

補闕趙雷、陳京、諫官裴佶、宇文炫、盧景亮、張薦等人也上疏：「杞三年擅權，朝綱紊亂，或加巨奸之寵，必頃失萬姓之心。」

唐德宗說：「杞已被赦免。」

袁高回答：「赦免其罪，不可爲刺史。」又力諫：「杞之爲政，百官常如兵在其頸；今若起用，則奸黨皆雀躍而起。」

唐德宗大怒，斥退諫臣，袁高、陳京等說：「此國家大事，當拼死諫爭。」遂齊向唐德宗極言：「盧杞之罪四海共棄，今若用，忠臣寒心，人民痛恨、大禍就會降臨。」

由於群臣堅決反對，唐德宗無奈，只好與宰臣李勉商量：「給盧杞小州刺史，行嗎？」

李勉回答：「皇上想給大州也可以，只恐怕天下人失望啊！」

德宗又對中書侍郎李泌說：「我已答允袁高所奏，詔盧杞爲澧州別駕。」

李泌頓首祝賀：「近來人們把皇上比作漢之桓、靈二帝，今天聽了皇上所言，眞乃堯舜主也。」

二月，惡貫滿盈的盧杞在澧州貶所結束了罪惡的一生，卒年約五十一歲。

唐德宗爲什麼這樣喜歡不學無術、奇醜無比的盧杞呢？原因無他，一是盧杞善於僞裝，外矯儉簡，內藏奸邪，含而不露，唐德宗認爲他「忠清強介」。二是盧杞能言善辯，巧言令色，善於揣度上意，阿諛逢迎，極盡媚主之能事，因而唐德宗受騙而不忘盧杞。

封建帝王的通病就是喜歡順旨之臣，本來無學是最大缺點，根本不能爲相，但唐德宗卻視爲優點，以爲無學之人小心，不會辯駁己意，無所不從。盧杞投皇帝所好，把唐德宗玩弄於股掌，這正是盧杞權傾一時的原因。

要抬高自己，先貶低對手

王欽若之所以能順利升遷，在於尋找機會貶低對手，從而抬高自己，得到領導寵信的機會，然後為領導沽名釣譽，博取領導的歡心。

「澶淵之盟」之後，宋、遼出現了相對穩定的局面。寇準對社稷有功，威信大大提高，宋眞宗對他特別信任。然而身爲副宰相的王欽若，卻把寇準視爲眼中釘。

當初，王欽若見局勢緊張，勸眞宗遷都金陵。他的建議被寇準頂了回去，寇準憤怒地說：「這是下策，該當殺頭！」王欽若對此事一直耿耿於懷，如今見寇準備受眞宗尊重，更是嫉妒萬分。

他揣摩眞宗想洗刷「城下之盟」的恥辱，當個有爲君主，留名史冊，於是就勸誘眞宗「封禪」。

他明知宋眞宗不願對遼打仗，卻故意對眞宗說：「陛下只要出兵攻幽、薊，就可以洗刷這個恥辱了。」

宋眞宗聽罷，不同意這個主張，就問他另外還有什麼辦法。

爲了打擊寇準，抬高自己，王欽若千方百計挑撥宋眞宗與寇準的關係。他對眞宗說：「敵人兵臨城下，被迫締結盟約，聖人孔子修的《春秋》認爲這是恥辱的事情。澶淵之役，陛下以萬乘之尊，同契丹訂立城下之盟，這是多麼恥辱的事啊！澶淵之役，寇準把陛下當作賭注，眞夠危險呀……」

宋眞宗受到王欽若的挑撥之後，就不那麼喜歡寇準了，不久便罷了寇準的宰相官職，命他到陝州當知州。

王欽若說：「戎狄之性，畏天而信鬼神，今天不如大搞符瑞，借天命以自重，戎狄就不敢輕看宋朝了。」

接著，他便向宋眞宗提出了「封禪」的建議，親登泰山，祭拜天地，並強調說

「封禪可以鎮服四海，誇示戎狄」，是個「大功業」。他還告訴眞宗，自古「封禪」必須有「天瑞」出現才能進行，而前代所謂「天降祥瑞」，一般都是人爲的，只要君主深信不疑，並明示天下，那就變成眞的了。

眞宗聽罷覺得這個辦法不錯，遂決定封禪。

王欽若見眞宗採納了自己的建議，隨即便著手有關封禪的準備。他一面配合宋眞宗說服朝中大臣，不要反對封禪，一面策劃所謂「天降之書」。

當時朝中的陳堯叟、陳彭年、丁謂等人都與王欽若沆瀣一氣，只有宰相王旦不與他們同流合污。王欽若擔心王旦反對假造「天書」，便主動找王旦談話，並直言不諱地對王旦說：「這是聖上的意旨。」

接著，宋眞宗親自召見王旦，請他飲酒，臨走時又贈給他一罈美酒。王旦回到家中打開一看，哪裡是什麼美酒，裡面裝的全是上等好珍珠。王旦心裡明白了，這是眞宗要堵住自己的嘴，從此對封禪不敢再有什麼異議了。

大中祥符元年正月初一，皇城司突然上奏：「左承天門南鴟尾上，有黃帛掛在那裡，不知是什麼徵兆，特此啓奏陛下。」

宋眞宗立即命中使前往觀察，中使回來秉報：「承天門上果然掛有黃帛，約兩丈多長，好像裏著書卷，用青絲纏著，封處隱隱約約還有字跡，眞是太奇怪了！」

宋眞宗聽後，煞有介事地說：「朕於去年十一月二十七日半夜夢見天神下降，讓朕設道場敬天迎接『天書』，說一個月後就會有『天書』下降。今天承天門上的黃帛，可能就是『天書』下降了。」

王欽若一手炮製了這件事，當然首先出來捧場，隨之王旦也向眞宗慶賀了一番，接著群臣齊呼萬歲。

爲了表示虔誠，宋眞宗率群臣步行到承天門，面對黃帛焚香望拜，然後才命內侍順著梯子爬上承天門。內侍恭恭敬敬地取下黃帛，跪捧給宋眞宗。

宋眞宗再拜接受，放在乘輿上，然後與群臣一起步行到道場，把黃帛交給樞密院長官陳堯叟啓封。拆開一看，裡面有三幅用黃字書寫的書卷，一篇大意是宋眞宗能以孝道繼承大業，第二篇諭告宋眞宗要清淨簡儉，末篇說宋朝祚運久長。總之，說的全是好話。

王欽若等人炮製了天書之後，緊接著就製造民意，請求宋眞宗到泰山封禪。這年三月，兗州父老及朝中大臣接連上表，請求封禪。宋眞宗心裡很高興，決定十月份到泰山封禪。

爲了做好行前準備，宋眞宗命王欽若負責有關事宜，叫周懷政在往泰山的沿途督修行宮，整修道路，接著又在山上建置園台。這一年的十月，在王欽若操持下，宋眞宗順利舉行了封禪大典。王欽若由此得寵，不久升爲正宰相。

王欽若之所以能順利升遷，在於尋找機會貶低對手，從而抬高自己，得到領導寵信的機會，然後爲領導沽名釣譽，博取領導的歡心。

看準時機，才能找到轉機

在領導有棘手之事難以解決之時，看準時機，鼎力相助，必定會使領導對你另眼相看，晉升之日便為時不遠了。

宋朝開國宰相趙普雖然爲朝廷竭心盡力，深受宋太祖趙匡胤恩寵，但因斂財受賄、強買宅第、私運木材，以及違反朝廷宰輔大臣之間不准通婚的禁令，讓趙匡胤對他極爲不滿，欲把他趕出朝廷。

翰林學士盧多遜，又趁機揭發趙普的短處，以及諸多不法行爲，趙匡胤遂於開寶元年（西元九七三年）罷去趙普宰相之職，貶爲河陽三城節度使。

開寶九年（西元九七六年）十月，趙匡胤駕崩，其弟趙光義即位，即宋太宗，改元爲太平興國，任盧多遜爲相。

同年，趙普自河陽調回京師，任太子太保。曾多次遭到盧多遜批鬥，不被朝廷重用的趙普工於心計，明察善斷，便試圖利用皇室內部權力之爭的矛盾，爲自己進身創造有利條件，以求東山再起。

皇室內部的矛盾和鬥爭，主要在君位的傳承問題上。趙匡胤駕崩，趙光義即位之後，世間便有「燭影斧聲」的傳聞。宋太宗即位之後，關於自己百年之後君位再傳問題也頗費心思。雖然有母后遺旨，但他卻自己另有打算，於是便極力排斥、打擊，甚至殘害其弟趙廷美、其侄趙德昭（趙匡胤之子）。

知道內情者只有趙普一人。

原來，建隆二年（西元九六一年），太祖、太宗之母杜太后臨終前，曾召趙普入內宮記錄遺命，當時只有太后、趙匡胤和趙普三人在場。

太后問太祖：「你知道你所以能得天下的原因嗎？」

太祖哭著不能回答。太后又問，太祖說：「皆因祖宗、太后積德之餘慶。」

太后說：「不對，眞正的原因是周世宗讓幼兒主天下。如果周氏當時有成習之君，天下怎麼能爲你所有呢？你百歲之後，當傳位於你弟光義，光義傳位於廷美，廷美傳位於侄德昭。四海之廣，萬民之衆，能立長君，社稷之福！」

太祖頓首泣說：「敢不如教。」

太后又看看趙普說：「你同記我言，不可有違。」

趙普在榻前照太后原話書錄下來，並在末尾署「臣普書」三字，藏於金匱之中，命謹密宮人保存。

趙普作爲一個諳知政權變故的謀略家，深知杜太后關於以後幾代君主的安排，完全是從趙宋王朝的安危著想，防止後周幼主即位、異姓興王那樣的事件發生，認爲杜太后這些人事安排不無道理。

但是，杜太后這個遺旨，直接關係到皇室諸人的權力和命運，而自己又是太后遺命的惟一見證人，如果處理得好，會對自己有利；反之，輕則丟官，重則喪命。因此，他對太后的遺旨，採取根據形勢，靈活處理的態度。

現在，趙普見太宗有違母訓之意，打算自己百年之後傳子不傳弟，便暗自打起了小算盤。趙廷美雖然對皇位也很關注，但勢力不強，而且有些臣僚以趙廷美驕恣無道、有不軌行徑等罪名上書彈劾。儘管如此，趙光義要實現皇位傳子的目的，也須費一番周折，需要有一個德高望重的人鼎力相助。

想到這些，趙普認為自己再度當上宰相位的時機已到，便向宋太宗進言，說當年太后遺旨，為他親手所寫，並複述太后遺旨原文。

當宋太宗問及詳情時，趙普當即表示：「臣願備位樞機，以察奸變。」並借機述說自己多年受宰相盧多遜壓制之苦。

太宗見趙普言詞懇切，又是前朝老臣，與自己交情深厚，可以協助自己皇位傳子的政治目的，便任命趙普為司徒兼侍中，封梁國公，重登首輔之位。

在領導有棘手之事難以解決之時，看準時機，鼎力相助，必定會使領導對你另眼相看，晉升之日便為時不遠了。

失勢時忽，得勢時張

擇人取勢，是官場成敗、牽動全局、進退屈伸的大事，如果掌權者「察不知人」、「援任無云」，那將受權力的報復和制束。

陳誠、何應欽的矛盾起源於一九二七年龍潭戰役。是役，陳誠抱病指揮，由人抬著上前線，取得了對孫傳芳部作戰的勝利，對保衛首都南京有著關鍵性作用。但由於蔣介石已下野，陳誠失去了後台，何應欽不僅不嘉獎陳誠，反而免去陳誠師長職務，陳誠只好到上海閒居。

從此，陳誠對何應欽恨之入骨。

一九二八年春天，蔣介石復職。蔣介石對掌握黃埔系軍權的何應欽在關鍵時刻叛他而去、迫使他下野的舊事懷恨在心，從此對何應欽失去了信任，並大力提拔陳誠扼制何應欽。

蔣介石回南京後，沒有與何應欽打招呼，就馳往徐州，撤銷第一路軍總指揮部，解除何應欽的兵權，讓他做個有職無權的總司令部參謀長。蔣還氣憤地對何應欽的秘書長說：「你去告訴敬之（何應欽字），不要打錯主意；上次白健生（白崇禧）逼我，如果他說一句話，我何至於下台？他要知道，而且必須知道，沒有我蔣中正，絕不會有何應欽。」

解除何應欽兵權的同時，蔣介石重用陳誠，讓他擔任總司令部警衛司令兼炮兵集團指揮，何應欽的特務團和警衛大隊都被陳誠收編。陳誠所轄三個警衛區、兩個憲兵團、兩個炮兵團，實力超過一個軍；兩個炮兵團，在當時來說，是最現代化的部隊。陳誠還在總司令部位安插親信，直接影響何應欽的軍威。

蔣介石復職後繼續北伐，讓何在南京主持軍政。何乘負責編遣第一集團軍之機，裁撤陳誠的警衛司令部。

在整編中，第一集團軍編爲六個師，何應欽以陳誠資歷太淺，不能與劉峙等人平起平坐爲名，不讓他當十一師師長，乘機排擠他。爲廣招舊順，蔣介石便安排降將曹萬順爲第十一師師長，由陳誠任副師長，主管人事。

陳誠沒有領會蔣介石的苦心，拒不就職，憤而出走。蔣派副官到上海找他，面授機宜，陳才到浦口就職。陳到十一師後，以保定軍校心腹同學羅卓英爲參謀長、林蔚等人爲旅長，團長都是黃埔畢業生，迎合了蔣介石的心意，同時極力排斥打擊何應欽的親信。

不久，曹萬順轉調新編的第一師師長，陳升任第十一師師長，十一師從此成了陳誠的禁臠。當何應欽聞訊陳誠將升任十一師師長時，向蔣介石援引將官晉升的有關規定進行阻撓，但蔣介石不予理睬。

中原大戰中，十一師搶先佔領濟南，陳誠被提拔爲十八軍上將軍長。在蔣介石扶植下，只五六年時間，陳誠由上尉升至上將。

擇人取勢，是官場成敗、牽動全局、進退屈伸的大事，如果掌權者「察不知人」、「援任無云」，那將受權力的報復和制束。

【第6章】

多算勝，少算不勝

「多算勝，少算不勝」是《孫子兵法》對全篇的總結，指出必須審時度勢，周密地籌劃，使主觀和客觀條件充分具備後，才能取得戰爭的勝利，否則必然會遭受挫折乃至失敗。

司馬懿老謀深算

司馬懿老謀深算既為自己免除災難，又為後代建立王朝謀得權勢，印證了「多算勝，少算不勝」的道理。

司馬懿年輕時就很有謀略，且又行事果斷。曹操聽聞他的聲名，想聘他爲官。但司馬懿見漢室衰微，曹氏專權，便假託身患風痺，不能起居，予以推辭。曹操不信，派人扮作刺客前去驗證。司馬懿在深夜之中，見有人闖入自己的臥室，舉劍奔自己刺來，大吃一驚，但他立即悟到這是曹操派來的人，於是躺在床上，一動不動，任憑刺客處置。

刺客見狀，認定司馬懿眞患了風痺，收起利劍，回稟曹操去了。

但是，司馬懿不能永遠躺在床上，於是便裝作病情逐漸好轉，有節制地進行活動。曹操探知，又派使者請他到朝廷任職。司馬懿審時度勢，知道如果再拒絕恐怕招來不測，況且天下大勢已盡歸曹操，便隨使者去見曹操，很得曹氏父子賞識。

不過，精於人事的曹操很快察覺司馬懿潛伏的野心，認為他不是甘心居於臣下的人，開始用疑懼的眼光看著他。這些細微的變化，機敏的司馬懿立刻警覺了，開始計較眼前的分寸利益，把一些日常生活小事看得很重，裝出一副胸無大志、目光短淺的模樣。

司馬懿斂收鋒芒，曹操竟又一次被他瞞過了。另外，他還暗中為曹丕出謀獻策，不斷擴張自己的勢力。

曹丕死後，西元二三〇年，魏明帝拜司馬懿為大都督，與蜀漢抗衡。當時的蜀漢，無論人力、物力都沒有魏國雄厚，若要取勝，必須速戰速決。司馬懿看透了這一點，堅守陣地不出戰。諸葛亮派人給他送去女人的衣服、首飾，試圖激怒他，他也坦然受之，始終不派出一兵一卒。

最後，諸葛亮積勞成疾，病死在五丈原，蜀兵只好退回。

西元二三七年，魏明帝病逝，臨死之時，將太子曹芳託付給大將軍曹爽和司馬懿。曹爽把持朝政，對司馬懿不放心，司馬懿又一次假裝自己生了大病，曹爽派心腹李勝去探看，見司馬懿「令兩婢侍邊，持衣、衣落；復上指口，意渴求飲……」。李勝回覆，曹爽放下心來，再不懷疑。

十年之後，毫無戒心的曹爽陪同小皇帝曹芳離開京城，在家裝病的司馬懿突然乘機發動政變，獨攬大權。後來，司馬師、司馬昭兄弟掌控朝廷，再後來，他的孫子司馬炎廢魏帝，建立了晉王朝。

司馬懿老謀深算既爲自己免除災難，又爲後代建立王朝謀得權勢，印證了「多算勝，少算不勝」的道理。

史達林多勝算羅斯福

羅斯福疲勞不堪，終因體力不支，注意力分散，爭辯不過史達林，最後不得不草草結束會談，按蘇聯的意思簽訂了協議。

一九四四年，法西斯德國敗局已定，美、蘇、英各國軍隊在多條戰線上取得重大戰果。爲了研究如何處理戰後一系列遺留問題，特別是如何處理戰敗國德國，蘇、美、英三國領袖決定再次舉行最高首腦會晤。

最高首腦會晤時間、地點和會議程式的選擇、確定，歷來是一個重要的問題。當時，美國總統羅斯福身體狀況已嚴重不佳，因此提出，會晤是不是可以訂在一九四五年春天，這時天氣回暖，他的身體可以吃得消。

老謀深算的史達林早已瞭解羅斯福的病情，知道一個疲憊不堪、精力不支的首腦，在談判中不可能保持堅強的意志和耐力，無法與體魄強健的對手較量。羅斯福這種身體狀態，很容易感到厭倦、焦躁、虛弱，輕易地向對手讓步。於是，史達林電告羅斯福：由於形勢發展急速，一系列問題迫切需要解決，因此最高首腦會晤不能拖延，最遲應該在一九四五年的二月份內舉行。

無可奈何之下，羅斯福只好同意。

羅斯福又提出，因為健康原因，他只能坐船去開會，這樣旅途要花很長的時間，所以他希望會談地點不要選得太遠。另外，最好開會的地點和氣候能溫暖一些，對身體比較有利。

史達林則拒絕去任何蘇聯控制之外的地方，堅持會議必須在黑海地區舉行，並且具體提出在黑海邊上克里米亞半島的雅爾達小城鎮舉行。這樣，史達林可以逸待勞，並可隨時與莫斯科保持聯繫。

羅斯福沒辦法再討價還價，只好拖著病軀，前往冰天雪地的雅爾達。羅斯福經過幾十天艱辛跋涉到達雅爾達，顯得面色憔悴、幾乎精疲力竭。

史達林、羅斯福、邱吉爾到達雅爾達後，無休無止的會晤、談判開始了。日程安排得極爲緊湊，首腦會談多達二十次，每次羅斯福都得參加。另外，還有大量的宴會、酒會、晚會。

這一切使羅斯福疲勞不堪，儘管在談判中強自打起精神，與史達林討價還價，但終因體力不支，注意力分散，爭辯不過史達林，最後不得不草草結束會談，按蘇聯的意思簽訂了協議。

羅斯福回到美國，幾星期後就逝世了。事後，美國人強烈批評羅斯福與史達林簽訂的《雅爾達協定》，認爲它對蘇聯做了大幅度的妥協與讓步，是對美國與西方利益的「背叛」。

小羅斯福借堂叔揚名

經過這次婚禮，小羅斯福的名氣便大了。巧用大人物的名氣逐步擴大自己的名氣，這是小羅斯福的智慧與謀算，經過反覆運用，確實使他名氣越來越大。

美國歷史上出現過兩個羅斯福總統，老羅斯福是指希歐多爾．羅斯福，小羅斯福是富藍克林．D．羅斯福，兩人同是羅斯福家族成員，算是叔侄關係。

小羅斯福入哈佛大學以後，一直想出人頭地。哈佛和美國其他大學一樣，很重視體育活動，但羅斯福的體格使他不能在這方面有所發展。他太瘦弱了，身材高，但體重卻不及常人，因此，橄欖球隊、划船隊都未能入選，只能幹個「啦啦隊」隊長。女孩子們打趣地叫他「媽媽的乖兒子」、「羽毛撣子」。

在體育方面毫無希望，小羅斯福決定另謀他途。

他看中了哈佛校刊《緋紅報》。當校刊的編輯也能引人注目，然而這並非易事。為了達到目的，他巧妙地利用了堂叔老羅斯福的影響力。

老羅斯福當時正擔任紐約州州長。有天，小羅斯福來到堂叔家裡，聲稱哈佛學生都很崇拜老羅斯福，很想聽聽老羅斯福的演說，一睹州長的風采。經過一番吹捧，老羅斯福答應到哈佛發表了一場演說。

演說從頭至尾都由小羅斯福一手操辦，而且演說完後，老羅斯福又接受了小羅斯福的單獨採訪。這樣一來，校刊編輯部便注意上了小羅斯福，認爲他有當記者的天分，於是吸收他做了助理編輯。

不久，他的堂叔作爲麥金萊的競選夥伴，與民主黨的布賴恩競選總統。哈佛大學校長查理斯．伊里亞德的政治傾向自然引人注目。小羅斯福決定再充分利用這次機會，向主編提出要訪問校長。

主編認爲這是徒勞，小羅斯福卻堅持要試試看。

不久，伊里亞德接見了這位一年級的新生。面對威嚴的校長，小羅斯福並沒有被嚇倒，堅持要校長表明自己將投誰的票。伊里亞德很賞識他的勇氣，很高興地回答了他的問題。此後，不但《緋紅報》上刊登了小羅斯福採寫的獨家消息，全國各大報紙也紛紛轉載。小羅斯福一時成爲人們街談巷議的話題，最後，終於當上了《緋紅報》的主編。

小羅斯福大學畢業時，除哈佛圈子裡的人外，一般民衆們誰也不知道他。一九〇四年，他不顧母親反對，宣佈與遠房堂妹安娜·埃利諾·羅斯福訂婚。埃利諾是希歐多爾·羅斯福兄弟的女兒。

一九〇五年三月十七日，他們在紐約舉行了婚禮，小羅斯福特別邀請了擔任總統的堂叔參加。

舉行婚禮那天，賓客如潮，經過這次婚禮，小羅斯福的名氣便大了。

巧用大人物的名氣逐步擴大自己的名氣，這是小羅斯福的智慧與謀算，經過反覆運用，確實使他名氣越來越大。

狂人格達費登上歷史舞台

格達費登上了歷史舞台，在世界創下了一個又一個傳奇故事，統治利比亞長達四十二年，說明了「先發制人，後發制於人」的重要性。

前利比亞最高領導者格達費早在塞卜哈中學讀書時，就把埃及前總統納塞爾奉爲自己的楷模。進入班加西軍事學院後，格達費仿效納塞爾推翻法魯克國王的方式，秘密地組織了「自由軍官」社團。

格達費足智多謀，謹慎地將「自由軍官」社團發展到學院中的每個班級中，集結了一大批「革命者」，伊德里斯王朝的統治者竟對此一無所知。

格達費從班加西軍事學院畢業後，被分配到通訊兵團，職銜爲上尉。他加快了推翻伊德里斯王朝的步伐，不斷地把年輕的軍官們拉到自己的陣營中。到了一九六九年，利比亞軍隊中的軍官已有一半成爲了格達費的人馬，格達費認爲可以採取行動了。

爲了窺探利比亞王室的動向，格達費選擇班加西附近的加爾尤尼斯軍營做爲自己的基地，同時，對發動一場大規模武裝政變所必不可少的交通工具、武器、彈藥都籌集就緒。

伊德里王朝對格達費的行動似乎有所警覺，採行的對策是把一些「自由軍官」調駐新的防地或派往國外受訓，格達費也被列入派往國外的名單中。

格達費覺得再也不能等待了，「先發制人，後發制於人」，他把「自由軍官」們召集到加爾尤尼斯軍營，按照事先擬好的政變行動計劃有條不紊地分派任務，這個時刻是一九六九年八月三十一日的午夜。

縝密的計劃和果斷的行動，使格達費的行動出奇地順利。在班加西，格達費不費一槍一彈就佔領了廣播電台和郵電大樓。在的黎波里，格達費的戰友震盧德中尉未遭到任何抵抗就接管了城外防空部隊，還衝入皇宮捉住了王儲。在昔蘭尼加，國王的衛隊長阿卜杜拉是格達費政變的同謀者，輕而易舉地佔領了軍火庫。在塞卜哈，格達費的戰友里菲中尉同樣未費一槍一彈。

九月一日拂曉前，格達費和「自由軍官」們完全控制了利比亞的軍營、軍火庫和全國局勢，把伊德里斯王朝的大小官員全部投入監獄。

從這一天起，一個嶄新的「比亞共和國」誕生了。

也正是從這一天起，格達費登上了歷史舞台，在世界創下了一個又一個傳奇故事，統治利比亞長達四十二年。

格達費登上歷史舞台的過程，說明了「先發制人，後發制於人」的重要性。

秦昭王少算敗邯鄲

秦昭王十分生氣，再加上范睢暗中挑撥，秦昭王竟把白起殺掉了。秦昭王缺乏心機，意氣用事，損兵折將廢相國，這就是少算的後果。

西元前二六〇年九月，秦國大將白起在長平大敗趙國軍隊，坑殺趙國降兵四十三萬人。秦軍兵鋒正盛，白起見趙國已無實力相敵，想乘機滅亡趙國，但秦國相國范睢嫉妒白起的功勞，藉口秦軍已很疲勞，不宜再戰，勸說秦昭王答應趙國議和，不久秦軍罷兵回國。

第二年，秦昭王再次委派白起率大軍攻打趙國，白起見時機已過，趙國經過一年的休養生息已重新振作起來，便藉口有病，不肯赴任。秦昭王只好派王陵代替白起，率大軍直逼趙國都城邯鄲城下。趙國面臨生死關頭，舉國上下同仇敵愾，王陵屢攻屢挫，損失極其慘重。

消息傳回咸陽，秦昭王召見白起，向他詢求策略。

白起說：「秦軍遠征趙國，歷時已近一年，如今兵乏氣衰，國庫空虛，不宜再戰。趙國軍民同心，不可掉以輕心。如果諸侯各國再出兵救趙，我軍將遭到內外夾擊，情勢就十分危險了。」

但相國范雎堅決主張攻趙，並保薦鄭安平為將軍，隨大將王齕一起率兵增援王陵，攻伐趙國。

趙國的形勢一天比一天緊迫。趙王的弟弟——戰國四公子之一的平原君趙勝率謀臣毛遂到楚國求得援兵，又到魏國求得信陵君魏無忌幫助。魏無忌求助魏王的寵姬如姬竊得兵符，帶力士朱亥用重錘擊殺陳兵趙國邊境的魏將晉鄙，奪得兵權，會合陸續來援救趙國的諸侯軍隊，與秦軍在邯鄲城下展開了決戰。

諸侯各國的援軍以信陵君統率的八萬精兵為核心，奮勇殺敵；相對的，秦軍已在邯鄲城下打了三年之久的攻城戰，兵疲厭戰，鬥志鬆懈。結果，秦軍大敗，將軍鄭安平投降了趙軍，王齕只好率殘兵敗將退回秦國。

白起得知秦軍大敗，長歎道：「不聽我的話，以致有今天的慘敗！」

白起的話傳到秦昭王耳中，秦昭王十分生氣，再加上范雎暗中挑撥，秦昭王竟把白起殺掉了。但是，范雎也沒有得到便宜，因爲推薦鄭安平而獲罪，被免去了相國的職務。

秦昭王缺乏心機，意氣用事，損兵折將廢相國，這就是少算的後果。

漢高祖未戰先算取英布

英布目光短淺無心機，漢高祖劉邦則未戰先算贏英布，此正說明「多算勝，少算不勝」的用兵之理。

漢高祖劉邦平息了梁王彭越的叛亂，殺死韓信後不久，曾爲漢朝天下做出重大貢獻的淮南王英布興兵造反。

劉邦向文武大臣詢問對策，汝陽侯夏侯嬰向劉邦推薦了自己的門客薛公。

漢高祖問薛公：「英布曾是項羽手下大將，能征慣戰，我想親率大軍去平叛，你看勝敗會如何？」

薛公答道：「陛下必勝無疑。」

漢高祖道：「何以見得？」

薛公道：「英布興兵反叛後，料到陛下肯定會去征討他，當然不會坐以待斃，所以有三種情況可供他選擇。」

漢高祖道：「先生請講。」

薛公道：「第一種情況，英布東取吳，西取楚，北併齊魯，將燕趙納入自己的勢力範圍，然後固守自己的封地以待陛下。這樣，即便陛下親征也奈何不了他，這是上策。」

漢高祖急忙問：「第二種情況會怎麼樣？」

「東取吳，西取楚，奪取韓、魏，保住敖倉的糧食，以重兵守衛成皋，斷絕入關之路。如果是這樣，誰勝誰負，只有天知道。」薛公侃侃而談，「這是第二種情況，乃爲中策。」

漢高祖說：「先生既認爲朕能獲勝，英布自然不會用此二策，那麼，下策會是怎樣？」

薛公不慌不忙地說：「東取吳，西取下蔡，將重兵置於淮南。我料英布必用此策。陛下長驅直入，定能大獲全勝。」

漢高祖面現悅色，問道：「先生如何知道英布必用此下策呢？」

薛公道：「英布本是驪山的刑徒，雖有萬夫不擋之勇，但目光短淺，只知道爲一時的利害謀劃，所以我料他必出此下策！」

漢高祖連連讚道：「好！好！英布的爲人確實如此，先生的話可謂是一語中的！朕封你爲千戶侯！」

漢高祖封薛公爲千戶侯，又賞賜給他許多財物，然後於這一年（西元前一九六年）的十月親率十二萬大軍征討英布。果然，英布叛漢之後，首先興兵擊敗受封於吳地的荊王劉賈，又打敗了楚王劉交，然後把軍隊佈防在淮南一帶。

漢高祖戎馬一生，南征北戰，也深諳用兵之道。雙方的軍隊在蘄西（今安徽宿縣境內）相遇後，漢高祖見英布的軍隊氣勢很盛，於是採取了堅守不戰的策略，待英布的軍隊疲憊之後才金鼓齊鳴，揮師急進，殺得英布落荒而逃。

英布目光短淺無心機，漢高祖劉邦則未戰先算贏英布，此正說明「多算勝，少算不勝」的用兵之理。

神機妙算渡金沙

紅軍跳出了幾十萬敵人圍追堵截的圈子，由於毛澤東神機妙算，紅軍終於轉危為安，變被動為主動，為日後勝利奠定了基礎。

金沙江位於長江上游，兩岸懸崖峭壁，形勢異常險要。

一九三五年四月下旬，紅軍分三路從貴州向雲南進軍。一路留在烏江北岸牽制國民黨敵人的九軍團，勝利完成後進入雲南，佔領宣威、合澤渡過了金沙江。另外兩路是紅軍的主力，沿路翻山涉水，攻城拔寨，直逼昆明，準備渡過金沙江，擺脫後邊的敵人。

爲了保證渡江勝利，毛澤東、周恩來親自領導紅軍渡江行動。紅軍直逼昆明，雲南軍閥龍雲一下子慌了手腳，因爲他的主力部隊全部東調增援貴陽，深怕紅軍乘機抄了他的老家，一面向蔣介石呼救求援，一面調動各地民團增援昆明。此時的蔣介石則一面急忙調軍隊增援昆明，並親自趕到昆明督戰，一面派飛機在金沙江一線偵察紅軍的行蹤。

毛、周兩人經過深思熟慮，認爲此時敵人的兵力已被調動，敵人也已被迷惑，雲南境內兵力空虛，紅軍渡江的時機已經成熟。於是，兩人下令紅軍向西北方向的金沙江急進，準備過江。

周恩來是渡江的總指揮，一方面協助毛澤東制定紅軍進軍、渡江的路線，一方面派遣突擊隊，搶佔絞車渡渡口。

當突擊隊過江後，他又派出一支部隊沿金沙江北岸西進，迅速到達龍街渡口，阻擊沿昆明經川康大道向北追擊的敵人，掩護大部隊過江，同時下令一軍團火速趕到絞車渡渡江。

在當地群衆幫助下，紅軍在渡口附近找到七艘小船，因爲船小水急，加上時間緊迫，紅軍渡江行動日夜不停。夜晚，兩岸燃起照明的熊熊火光，把江面映得通紅。

紅軍就靠這七條小船，經七天七夜，全部安全地渡過了金沙江，過江後，便把江邊的渡船全部燒毀。

當國民黨軍隊發現趕到時，紅軍早已遠走高飛。

從此，紅軍跳出了幾十萬敵人圍追堵截的圈子，取得了戰略轉移中具有決定意義的勝利。由於毛澤東神機妙算，紅軍終於轉危爲安，變被動爲主動，爲日後勝利奠定了基礎。

翁東謀事不周反勝為敗

翁東並沒有充分利用這個優勢乘勝前進，反而謀事不周，沒有給予對方致命的打擊，讓他們有了喘息及組織反撲之機，以致功虧一簣。

一九六五年八月，在美國中央情報局策劃下，印尼右派軍人組織——「將領委員會」趁蘇加諾患病之機加緊活動，決定在十月五日印尼建軍節發動軍事政變。九月二十一日，「將領委員會」開會決定了政變後內閣名單，擬由納蘇蒂安出任總統。但是，這項消息為陸軍擁護蘇加諾的軍人獲悉，在總統警衛營長翁東領導下進行了秘密串聯，決定搶先採取行動。

一九六五年九月三十日深夜，翁東率領所屬警衛營以及中爪哇、東爪哇部隊開始行動。當夜一舉逮捕並處決了包括陸軍司令雅尼在內的六名將軍委員會主要成員，納蘇蒂安翻牆逃跑。

隨即，翁東分別控制了獨立廣場、電訊大樓和廣播電台，十月一日晨公佈了「九卅運動新聞公報」，強調「九卅運動」是「陸軍內部的運動」，譴責將領委員會的政變陰謀。

公報還宣佈成立以翁東為首的革命委員會。同日早晨，印尼總統蘇加諾聞訊後，即刻前赴哈林基地。他在哈林召集海、空軍部分高級將領和第二副總理萊梅納等人對局勢進行磋商。

當時雖然「九卅運動」佔據了首都若干據點，並捕殺了將領委員會的若干重要成員，但掌握的部隊很少，特別是運動悖離了廣大群眾。

至於右派軍人，雖然突遭打擊，但頭頭納蘇蒂安已逃脫。當時，右派軍隊在首都周圍就有六萬人之多，尤其是軍界實力人物、陸軍戰略後備司令蘇哈托聞訊後已赴司令部組織反攻。

令人納悶的是，司令部位於獨立廣場，佔領獨立廣場的第五三〇師雖然控制了廣場的所有通道，唯獨留下戰略司令部一邊未加封鎖。同時，「九卅運動」雖已控制了首都電話交換台，但沒有切斷最高戰鬥司令部的通訊線路，蘇哈托就通過這條線路調兵遣將。

右派軍人從突然遭到打擊陷於混亂的狀態中迅速穩定下來，並重新集聚力量準備軍事反撲。

在此緊要關頭，印尼左派力量毫無動靜，「九卅運動」的領導也沒有採取任何進一步的有力行動，似乎在等待國家最高領導人的決策。

但是，整個十月一日上午，蘇加諾一直未對「九卅運動」正式表態，直到中午，才通過電台宣佈由自己「掌握」軍隊，任命普拉托爲代理陸軍司令。蘇加諾想用自己的威望來控制局勢，但阻止不了右派軍人提前發動軍事政變的進程。

十月一日下午，局勢急轉直下，蘇哈托經過上午的緊急聯絡部署後，掌握了陸軍的領導權，聚集了部隊，未經艱苦戰鬥，就在傍晚佔領了電台等據點，進而控制了雅加達。

同日晚間十七時，蘇哈托向翁東發出最後通牒，並建議蘇加諾離開哈林。幾個小時後，蘇加諾就乘汽車離開哈林前往茂物，「九卅運動」的領導人也紛紛離開哈林。十月二日晨，蘇哈托佔領了哈林基地，「九卅運動」遂告失敗。

兩軍相峙之時，先下手爲強，後下手遭殃。翁東等軍官不爲危急形勢所懼，先發制人，在政治較量中暫時取得優勢。然而他並沒有充分利用這個優勢乘勝前進，反而謀事不周，沒有給予對方致命的打擊，讓他們有了喘息及組織反撲之機，以致功虧一簣。

做生意需要一些心計

做任何事都需要一些心計，如果沒有心計，做事肯定難以成功。楊舜華這個案例，說明做生意也應當要多多謀算。

清朝康熙年間，浙江省興化縣有一個挑著擔子，沿街叫喊賣豆腐的年輕人，名叫楊舜華。楊舜華經常在興化城內走動，某天發現城內有一家南貨店，地處鬧市，於是在該店附近擺豆腐攤。

楊舜華人勤手快，又很節儉，生意雖小，每天也能盈餘幾百個銅錢，他便把這一小筆錢全放在南貨店，請店主代爲保管。

南貨店的老闆經營乏術，別人進什麼貨，他也進什麼貨；一看到什麼貨好賣，就一股腦進一大批，結果經常為存貨過多發愁，連本錢也賺不回來。南貨店的生意因此越做越小，最後連楊舜華放在店內的錢也全被挪用了。

轉眼，十餘年過去了，南貨店的生意毫無起色。一天，老闆客氣地把楊舜華請到店中，對他說：「這些年來，你存在我店中的錢少說也有千金之數，先生雖不開口向我要，我也感到十分慚愧。南貨店的情況，先生一目了然，要償還先生錢，恐怕是做不到了。如果先生不介意，我想把南貨店折價給你，你意下如何？」

楊舜華沒想過自己有朝一日會變成個大老闆，於是一口應允。

楊舜華與南貨店為鄰十餘年，對南貨店連年虧損的原因十分清楚。接手後，他把店中的滯銷貨物全部減價拋售，集中力量做暢銷的土產雜貨生意，南貨店的生意一天比一天紅火。

乾隆年間，南方各省因連年災荒、盜賊蜂起，引起時局動亂，南北交通阻絕，興化一帶的土特產品都運不出去，商人們只好忍痛減價出售。楊舜華認為時局動亂只是一時的現象，交通斷絕也是暫時的，於是以低廉的價格大量收購桐油、紙張等貨物貯存起來。

沒過多久，朝廷平息了動亂，商路暢通無阻，北方的商人紛紛南下，桐油、紙張的價格一漲再漲。楊舜華見時機已到，便將囤居的貨物以高價賣出，一下子就賺得三倍以上的利潤。

不久，楊舜華成了浙江興化腰纏萬貫的首富。

做任何事都需要一些心計，如果沒有心計，做事肯定難以成功。楊舜華這個案例，說明做生意也應當要多多謀算。

【作戰篇】

【原文】

孫子曰：凡用兵之法，馳車千駟，革車千乘，帶甲十萬，千里饋糧，則內外之費，賓客之用，膠漆之材，車甲之奉，日費千金，然後十萬之師舉矣。

其用戰也勝，久則鈍兵挫銳，攻城則力屈，久暴師則國用不足。夫鈍兵挫銳、屈力殫貨，則諸侯乘其弊而起，雖有智者，不能善其後矣。故兵聞拙速，未睹巧之久也。夫兵久而國利者，未之有也。故不盡知用兵之害者，則不能盡知用兵之利也。

善用兵者，役不再籍，糧不三載；取用於國，因糧於敵，故軍食可足也。國之貧於師者遠輸，遠輸則百姓貧。近於師者貴賣，貴賣則百姓財竭，財竭則急於丘役。力屈、財殫，中原內虛於家。百姓之費，十去其七；公家之費，破車罷馬，甲冑矢弩，戟楯蔽櫓，丘牛大車，十去其六。

故智將務食於敵。食敵一鐘，當吾二十鐘；萁稈一石，當吾二十石。

故殺敵者，怒也；取敵之利者，貨也。故車戰，得車十乘已上，賞其先得者，而更其旌旗，車雜而乘之，卒善而養之，是謂勝敵而益強。

故兵貴勝，不貴久。

故知兵之將，生民之司命，國家安危之主也。

【注釋】

用兵之法：法，規律、法則。

馳車千駟：戰車千輛。馳，奔、驅的意思，馳車即快速輕便的戰車。駟，原指一車套四馬，這裡作量詞，千駟即千輛戰車。

革車千乘：用於運載糧草和軍需物資的輜重車千輛。革車，用皮革縫製的篷車，是古代重型兵車，主要用於運載糧秣、軍械等軍需物資。乘，輛。

帶甲：穿戴盔甲的士兵，此處泛指軍隊。

千里饋糧：饋，饋送、供應。意爲跋涉千里輾轉運送糧食。

內外：內，指後方；外，指軍隊所在地，即前方。

賓客之用：指與各諸侯國使節往來的費用。

膠漆之材：通指製修弓矢等軍用器械的物資材料。

車甲之奉：泛指武器裝備的保養、補充等開銷。車甲，車輛、盔甲。奉，同

「俸」，指費用。

日費千金：每天都要花費大量財力。金，古代計算貨幣的單位，一金爲一鎰（二十兩或二十四兩），千金即千鎰，泛指開支巨大。

舉：出動。

其用戰也勝：勝，取勝，這裡作速勝解。意謂在戰爭耗費巨大的情況下用兵打仗，就要求做到速決速勝。

久則鈍兵挫銳：言用兵曠日持久就會造成軍隊疲憊，銳氣挫傷。鈍，疲憊、困乏的意思。挫，挫傷。銳，銳氣。

力屈：力量耗盡。屈，竭盡、窮盡。

久暴師則國用不足：長久陳師於外就會給國家經濟造成困難。暴，同「曝」，露在日光下，文中指在外作戰。國用，國家的開支。

屈力殫貨：殫，枯竭。貨，財貨，此處指經濟。此言力量耗盡，經濟枯竭。

諸侯乘其弊而起：其他諸侯國便會利用這種危機前來進攻。弊，疲困，此處作危機解。

雖有智者，不能善其後矣：意謂即便有智慧超群的人，也將無法挽回既成的敗局。後，後事，此處指敗局。

兵聞拙速，未睹巧之久也：拙，笨拙。速，迅速取勝。巧，巧妙。此句言用兵打仗寧肯指揮笨拙而求速勝，而沒見過力求指揮巧妙而使戰爭長期拖延的。

夫兵久而國利者，未之有也：長期用兵而有利國家的情況，從未曾有過。

不盡知：不完全瞭解。

害：危害、害處。

利：利益、好處。

役不再籍：役，兵役。籍，本義爲名冊，此處用作動詞，即登記、徵集。再，二次，意即不二次從國內徵集兵員。

糧不三載：三，多次。載，運送。即不多次從本國運送軍糧。

取用於國：指武器裝備等從國內取用。

因糧於敵：因，依靠、憑藉。糧草給養依靠在敵國就地解決。

國之貧於師者遠輸：師，指軍隊。遠輸，遠道運輸。此句意爲國家之所以因用兵而導致貧困，是由於軍糧的遠道運輸。

近於師者貴賣：近，臨近。貴賣，指物價飛漲。意為臨近軍隊駐紮點地區的物價會飛漲。

急於丘役：急，在這裡有加重之意。丘役，軍賦，古代按丘為地方行政單位徵集軍賦，一丘為一百二十八家。

中原內虛於家：中原，此處指國中。此句意為國內百姓之家因遠道運輸而變得貧困、空虛。

去：耗去、損失。

公家之費：公家，國家。費，費用、開銷。

破車罷馬：罷，同「疲」。罷馬，疲憊不堪的馬匹。

甲冑矢弩：甲，護身鎧甲。冑，頭盔。矢，箭。弩，弩機，一種依靠機械力量射箭的弓。

戟楯蔽櫓：戟，古代戈、矛功能合一的兵器。楯，同「盾」，盾牌，用於作戰時防身。蔽櫓，用於攻城的大盾牌。甲冑矢弩、戟楯蔽櫓，是對當時攻防兵器與裝備的泛指。

丘牛大車：丘牛，從丘役中徵集來的牛。大車，指載運輜重的牛車。

智將務食於敵：智將，明智的將領。務，務求、力圖。意爲明智的將帥總是務求就食於敵國。

鍾：古代的容量單位，每鍾六十四斗。

稈一石：稈，泛指馬、牛等牲畜的飼料。石，古代的容量單位，三十斤爲一鈞，四鈞爲一石。

殺敵者，怒也：怒，激勵士氣。言軍隊英勇殺敵，關鍵在於激勵部隊的士氣。

取敵之利者，貨也：利，財物。貨，財貨，此處指用財貨獎賞的意思。句意爲若要使軍隊勇於奪取敵人的財物，就要先依靠財貨獎賞。

已上：已，同「以」，「已上」，即「以上」。

更其旌旗：更，更換。此句意爲繳獲的敵方車輛，更換上我軍的旗幟。

車雜而乘之：雜，摻雜、混合。乘，架、使用。意爲將繳獲的敵方戰車和我方車輛摻雜在一起，用於作戰。

卒善而養之：卒，俘虜、降卒。言優待被俘的敵軍士兵，使之爲己所用。

是謂勝敵而益強：這就是說在戰勝敵人的同時使自己更加強大。

貴：重在、貴在。

知兵之將：知，認識、瞭解，指深刻理解用兵之法的優秀將帥。

生民之司命：生民，泛指一般民衆。司命，星名，傳說主宰生死，此處引申爲命運的主宰。

國家安危之主：國家安危存亡的主宰者。主，主宰之意。

【譯文】

孫子說：凡興師打仗的通常規律是，要動用輕型戰車千輛，重型戰車千輛，軍隊十萬，同時還要越境千里運送軍糧。前方後方的經費，款待列國使節的費用，維修器材的消耗，車輛兵甲的開銷，每天耗資巨大，然後十萬大軍才能出動。

用這樣大規模的軍隊作戰，就要求速勝。曠日持久就會使軍隊疲憊，銳氣受挫。攻打城池，會使得兵力耗竭；軍隊長期在外作戰，會使國家財力發生困難。如果軍隊疲憊、銳氣挫傷、實力耗盡、國家經濟枯竭，那麼諸侯列國就會乘此危機發兵進攻，那時候即使有足智多謀的人，也無法挽回危局了。

所以，在軍事上，只聽說過指揮雖拙但求速勝的情況，而沒有見過為講究指揮工巧而追求曠日持久的現象。戰爭久拖不決而對國家有利的情形，從來不曾有過。不完全瞭解用兵弊端的人，也就無法真正理解用兵的益處。

善於用兵打仗的人，兵員不再次徵集，糧草不多回運送。武器裝備由國內提供，糧食給養在敵國補充，這樣，軍隊的糧草供給就充足了。

國家之所以因用兵而導致貧困，就是由於遠道運輸。軍隊遠征，遠道運輸，就會使百姓陷於貧困。臨近駐軍的地區物價必定飛漲，物價飛漲，就會使得百姓之家資財枯竭，財產枯竭就必然導致加重賦役。

力量耗盡，財富枯竭，國內便家家空虛。百姓的財產將會耗去十分之七；國家的財產，也會由於車輛的損壞，馬匹的疲敝，盔甲、箭弩、戟盾、大櫓的製作、補充，以及丘牛大車的徵調，而消耗掉十分之六。

所以，明智的將帥總是務求在敵國解決糧草的供給問題。消耗敵國的一鐘糧食，等同於從本國運送二十鐘；耗費敵國的一石草料，相當於從本國運送二十石。

要使軍隊英勇殺敵，就應激發士兵同仇敵愾的士氣；要想奪取敵人的軍需物資，就必須借助於物資獎勵。所以，在車戰中，凡是繳獲戰車十輛以上的，就獎賞最先奪得戰車的人，並且換上我軍的旗幟，混合編人自己的戰車行列。對於敵俘，要優待和保證供給。如此，愈是戰勝敵人，自己也就愈是強大。

因此，用兵打仗貴在速戰速決，而不宜曠日持久。

懂得用兵之道的將帥，是民衆生死的掌握者，是國家安危存亡的主宰。

【第1章】

兵貴勝，不貴久

《孫子兵法》認為，曠日持久的勞師遠征，會造成國家財力的巨大消耗，給老百姓帶來難以忍受的沉重負擔。

針對這些不利因素，孫子提出了在戰略進攻中爭取速戰速決的三種方法：首先是避免頓兵堅城，其次是「因糧於敵」，即從敵方奪取糧草物資，再次是優待俘虜、獎勵繳獲。通過這些方法達到速戰速決、以戰養戰的目的。

見事速決，莫失良機

領導者決斷之際，切忌優柔寡斷，看問題看不到關鍵點，不能明察要點，便容易為他人左右。想要速做決斷，就必須具有戰略眼光，抓住有利時機。

東漢末年，天下大亂，王室衰微，天子的身價暴跌，但是畢竟還是一國之主的象徵。因此，奉戴天子以討伐群雄不失爲爭霸天下的良策，誰先擁戴天子，誰就會取得政治上的主動權。

然而，像董卓專橫暴戾之流，雖有此機遇，卻不具備此能力。董卓之後，袁紹和曹操等大小集團也都有智士獻「奉戴天子」的計策，只不過，想要奉迎漢獻帝，必須冒著極大的風險，因此每個集團內部都發生爭論，袁紹集團也不例外。

袁紹出身於四世三公的大官僚家庭，在漢末群雄混戰中，原本他的勢力最大，曾是討伐董卓的盟主，奪下冀州後地廣兵多，手下謀臣武將也不少。在奉迎天子的問題上，幾乎在荀攸等人向曹操提出此建議的同時，袁紹的首席幕僚沮授也向他建議：「主公的世家好幾代都榮任輔佐皇帝的三公，忠義之名天下皆知。如今，皇上和朝廷被迫西遷長安，宗廟遭到破壞全國各地州郡，雖然衆人都以勤王之名起事，但實際只求擴張自我勢力，根本沒有保衛皇室、安定天下百姓之心。如今本州初定，我們已有了穩定的力量，就應該奉迎皇帝到鄴城安頓，一方面表示我們安定天下的志願，一方面可以『挾天子以令諸侯』，堂堂正正以天子名義，來討伐不守臣節的州郡，相信沒有人能抵擋得了我們的。」

袁紹初聽之下，也很贊同，便交付討論辦理。

不料，審配及大將淳于瓊同時表示反對，他們的理由是：「漢王室衰頹已久，即使想重建也很困難。如今天下群雄割據，各擁龐大軍團，有道是『秦亡其鹿，先得者王』，現在應是大家打天下的時候了。如果把皇帝請到鄴城，任何行動都得請示，這樣會嚴重損害軍事行動的機密性和機動性，得不償失。更何況，皇帝身旁還有很多公卿大臣，過分尊重他們會使我們的權力變小；不尊重他們則會有違抗皇權的麻煩，必須審愼考慮。」

沮授立刻反駁道：「奉迎皇帝，必得天下大義之名，這個利益對我們的發展比什麼都重要。以時機而論，目前皇帝正愁沒有去處，執行起來最輕鬆；如果不乘機行事，一定有不少人會搶著去做。通權變者從不放棄任何機會，能立大功者在於不延誤時機，希望主公盡速考慮這件事。」

袁紹是個優柔寡斷又怕麻煩的人，最大的願望是鞏固黃河以北政權，自己當上皇帝，但對全國性的規劃卻缺乏謀略，因此對沮授的建議遲遲不敢決定。最終，曹操搶佔先機，挾持了漢獻帝，而袁紹坐失良機。

領導者決斷之際，切忌優柔寡斷，多端寡要，好謀無決。看問題看不到關鍵點，不能明察要點，便容易爲他人左右。想要速做決斷，就必須具有戰略眼光，及早布局，並且當機立斷，抓住有利時機。

曹操神速破烏桓

兵貴神速，曹操聽取謀士郭嘉的建言，迅速逼近敵人，打得敵人措手不及，終於穩定了北方的情勢。

袁紹兵敗官渡，最後嘔血死去，面臨曹操步步進逼，他的兩個兒子袁熙、袁尚投奔了烏桓的蹋頓單于，準備東山再起。

曹操爲鞏固北部邊疆，決定消滅蹋頓和二袁，於西元二〇七年親自遠征烏桓，但是，由於人馬多，糧草輜重多，行軍速度大打折扣，走了一個多月才到達易城（今河北雄縣西北）。

謀士郭嘉對曹操說：「兵貴神速。只有迅速接近敵人，深入敵境，讓敵人措手不及，才能取勝。像我們這樣慢騰騰地往前走，敵人以逸待勞，又早早地做好了準備，怎麼能輕易地打敗敵人呢？」

曹操接受了郭嘉的意見，親率幾千名精兵，日夜兼程，在崎嶇的山路中行軍五百多里，最後突然出現在距蹋頓的老窩柳城僅一百里的白狼山，與蹋頓的幾萬名騎兵遭遇。

蹋頓的騎兵沒有料到會在自家門口與敵人遭遇，顯得驚疑失措。至於曹操麾下，見敵我如此懸殊，知道唯有拼死一戰，或許還有活路，因此人人拼死戰鬥，無不以一當十。戰鬥空前殘酷，曹操的幾千人馬死傷大半，但蹋頓及其部下將領死的死、傷的傷，群龍無首，終於被曹操打敗。

袁熙、袁尚聽到蹋頓陣亡的消息，帶領隨從逃出烏桓，投奔遼東太守公孫康，不久便被公孫康設計殺死。至此，曹操北部邊疆安定下來，排除了後顧之憂。

兵貴神速，曹操聽取謀士郭嘉的建言，迅速逼近敵人，打得敵人措手不及，終於穩定了北方的情勢。

司馬炎一舉滅孫皓

王浚藉口「風大，不能停泊」，揚帆直指建業，吳主孫皓被迫到王浚軍門請降。晉軍僅用兩個月時間，就滅亡了割據江東五十七年之久的孫吳政權。

魏國滅掉蜀後，三國局勢進入魏、吳南北對峙階段。

魏咸熙二年（西元二六五年）八月，司馬昭病死，其子司馬炎廢黜魏元帝曹奐，自立爲武帝，國號晉，改元泰始，同時將目標對準東吳。

吳國自蜀漢滅亡之後，形勢已岌岌可危。吳永安七年（西元二六四年）吳景帝孫休病死，孫權之孫孫皓即位爲帝。孫皓沉湎酒色，後宮美女多達五千名，奢侈無度，國用入不敷出。孫皓寵倖佞臣，迷信巫卜，有敢於上諫和得罪於他的大臣，不是挖眼、斷足，就是剝皮、鋸頭。

東吳朝中人人自危，朝不慮夕。

相反的，司馬炎經過幾年的努力，國內政局穩定，軍事實力大增，於是著手滅吳計劃，派尚書右僕射羊祜統領荊州諸軍，鎭守襄陽，虎視江南。

泰始八年（西元二七二年）邊地稍安，司馬炎即召來羊祜商議伐吳。

羊祜認爲當年曹操南征失敗，原因是缺乏水師，現在應當訓練水軍，製作舟艦，控制上游，一旦時機成熟，水陸齊發，一舉滅吳。

司馬炎當即密令益州刺史王濬在巴蜀訓練水軍，建造大艦，長一二〇米，可載二千餘人，可馳馬往來。

吳國建平（今四川巫山縣北）太守吾彥發現上游不斷有大量碎木漂下，推斷晉必然密謀攻吳，上疏孫皓，請求增兵建平，守住險要，以防晉軍順水而下。孫皓以爲晉國無力對吳用兵，根本不予理睬。吾彥只得自命民工，鑄造鐵鏈、鐵錐，在西陵峽設置障礙，橫鎖江面。

羊祜在荊州實行懷柔策略，減少守備巡邏部隊，進行屯田，積蓄軍糧，並與吳人友好相處。羊祜的舉動，麻痺了吳人的警覺。晉泰始十年（西元二七四年），吳名將陸抗病死，他所轄的軍隊由他的五個兒子率領。吳國長江中下游防務，由於失去幹練的統帥，顯得更加削弱。

羊祜認爲伐吳時機已到，便向司馬炎進言：「現在伐吳可以不戰而勝。」

司馬炎十分贊同。不久，羊祜病死，司馬炎任命杜預爲鎭南大將軍，都督荊州諸軍事。晉咸寧五年（西元二七九年）年底，司馬炎以琅琊王司馬伷出塗中，安東將軍王渾出江西，建成將軍王戎出武昌，平南將軍胡奮出夏口，鎭南大將軍杜預出江陵，龍驤將軍王浚沿江東下，六路大軍共二十餘萬人，水陸齊發，直撲東吳。

王浚水師越瞿塘，過巫峽，一舉擊破丹陽城（今湖北秭歸東），活捉丹陽守將盛紀。進入西陵峽，艦船受阻於攔江的鐵鏈和鐵錐。

王浚命水性好的士卒，撐數十個大木筏先行，將鐵錐拔出，又命令士卒，將巨大的火炬安置船前，燒熔鐵鏈。吳軍原以爲這些障礙足以阻止晉軍，未曾派兵把守。晉軍順利地拆除水障，繼續進軍。

在王浚進軍的同時，杜預也出兵策應，派部將周旨率奇兵八百人乘夜渡江，埋伏在樂鄉（今湖北滋縣東北）。王浚軍抵達樂鄉，都督孫歆率軍迎戰，吳軍大敗。伏於城外的周旨軍趁亂入城，孫歆成爲晉軍的俘虜。

杜預、王浚水陸大軍合攻江陵，斬守將伍延。隨即逼降武昌（今湖北鄂城）守將，勝利結束長江上游作戰。

吳主孫皓爲了挽救危局，派丞相張悌領精兵三萬渡江退敵。軍至牛渚（今安徽當塗北之採石），太守沈瑩建議在此堅守，以防晉軍水師。張悌不採納，率全軍渡江，尋找晉軍決戰。

吳軍在楊荷（今安徽和縣境內）遇王渾前鋒張喬所率七千餘人。張悌下令將其包圍，張喬見寡不敵衆僞降。

吳軍繼續前進，至牌橋（楊荷以北），與王渾主力遭遇。沈瑩率五千精兵發起衝擊，被晉軍擊退，沈瑩陣亡。

吳軍後退，晉軍乘勢反擊，張喬也從背後殺來，吳軍全線崩潰。副軍師諸葛靚勸丞相張悌後撤，但張悌決意以身殉國。諸葛靚揮淚離去，不久張悌爲晉兵所殺。

王浚水師抵達三山（今南京西南五十里）。吳主孫皓派游擊將軍張象率萬餘水軍前去阻擋，張象竟望風而降。

孫皓於是將全部軍權交給陶浚，命他第二天領兵迎敵，誰知吳軍將士不是紛紛逃走就是過江降晉。孫皓採用光祿勳薛瑩、中書令胡沖等人的計策，同時分送降書給王渾、王浚、司馬伷，想使三人爭功以激起晉軍內亂。

王渾接到降書後，要王浚來江北商議，王浚藉口「風大，不能停泊」，揚帆直指建業（今南京）。三月十五日，王浚率八萬水師進入建業，吳主孫皓被迫到王浚軍門請降。

晉軍僅用兩個月時間，就滅亡了割據江東五十七年之久的孫吳政權。

北魏與大夏統萬城之戰

激戰中，拓跋燾身先士卒，雖身中飛箭，仍帶傷奮勇殺敵。赫連昌來不及回城，率殘部敗逃。北魏軍取得了統萬城之戰的最後勝利。

北魏與大夏統萬城之戰，發生於中國歷史上東晉十六國時期。當時，中國南方爲東晉政權統治，而北方則出現了衆多的由匈奴、鮮卑、羯氏、羌等少數民族以及漢族建立的獨立割據政權。北魏與大夏便是這些衆多的割據政權中的兩個少數民族政權。

在這些割據政權中，北魏由於接受漢族的先進技術與文化，重視發展農業生產，逐漸強大起來，也開始著手統一北方。發生於西元四二七年的北魏與大夏國統萬城之戰就是北魏為統一北方而發動的。

在這次戰爭中，鮮卑族北魏主拓跋燾信奉《孫子兵法》中「兵貴勝，不貴久」的作戰思想，面對所要攻打的統萬城，作戰指揮果斷靈活，避免了陷入曠日持久、進退兩難的境地，推動了北方由分裂走向統一的進程。

大夏國建立於西元四〇七年，夏主赫連勃勃是匈奴族人。赫連勃勃建國後，以流動襲擊的辦法蠶食後秦疆土，不斷擴大了自己的統治範圍，奪取了長安，成為北魏的勁敵，阻礙北魏對西北地方的統一。

大夏疆土逐漸擴大，赫連勃勃決定將國都定在統萬城（在今內蒙古烏審旗南白城子）。西元四一三年，赫連勃勃徵發嶺北胡漢各族人民十萬人築都統萬城。他驅使人們用蒸熟的土築城，築成後用鐵錐刺土，如果刺進一寸，就殺掉築城的人。

在暴力與高壓下，統萬城築成後非常堅固，「城高十仞，基厚三十步，上廣十步，宮牆五仞，其堅可以礪刀斧」。赫連勃勃妄圖以此堅城抵禦外族侵略，延續殘暴的統治。

西元四二八年八月，赫連勃勃病死，諸子爭位，互相攻戰。次年，赫連昌爭取到王位繼承權，但大夏內部矛盾更為尖銳，北魏便乘此機會發動了滅夏之戰。

西元四二六年九月，北魏主拓拔燾命大將奚斤率兵五萬，攻夏之蒲阪（今山西永濟西），進襲關中、長安，自己則親率騎兵兩萬渡黃河襲擊統萬城。夏主赫連昌率軍迎擊，戰敗退回城內固守。

魏軍分兵四掠，驅牛馬十餘萬，擄夏居民萬餘而歸。

這年十二月，魏軍南路奚斤率軍奪取了長安。

次年正月，赫連昌派其弟赫連定領兵二萬南下，企圖奪回長安，兩軍相持在長安附近。魏主拓跋燾乘夏軍兵力被牽制在關中的有利時機，決定動用近十萬大軍再次襲擊統萬城。

五月，拓跋燾率軍西進，以三萬騎兵為前驅，三萬步兵為後繼，三萬步兵運送攻城器具，原附屬於大夏的各族遊牧民族首領紛紛降於北魏。這時，北魏主拓跋燾改變步、騎兵齊進的原進軍計劃，決定率輕騎三萬，以最快的速度直抵統萬城，然後誘敵出戰，將敵人消滅。

對這個決定，拓跋燾部下大為不解，認為統萬城堅固，敵軍必定固守城內，三萬騎不足以攻破堅城，最好還是等步兵到達後，帶上攻城戰具，再行往攻。

拓跋燾解釋說：「用兵攻城，在軍事上是下策，是不得已才用的。現在若等步兵、攻具齊備，再去攻城，敵軍見我勢眾，必然據城固守，不敢出戰，我軍攻城不下，曠日持久，食盡兵疲，外無所掠，反而會形成進退兩難之勢。因此，不如現在以輕騎直抵城下，敵人見我軍步兵未到，意必鬆懈，我再以疲弱示之，誘其出戰，必定能一舉殲敵。再者，我軍之所以適合採取輕騎決戰，以爭取速勝，還因爲我軍離家二千餘里，又隔黃河，糧草運輸困難。以現有的三騎兵攻城雖不足，而決戰則有餘。」

拓跋燾說服了部隊，遂督軍前進。

恰巧，此時魏軍中有一犯罪的士兵出逃至夏軍內，告訴夏軍說：「魏軍糧盡，輜重在後，步兵亦未到，宜速擊之。」

赫連昌聽了此話，深信不疑，於是親率步騎三萬出城迎戰。拓跋燾見敵軍出迎，喜不自禁。爲了誘使夏軍深入並助長其驕氣，魏軍向西北方向佯作退卻。夏軍見狀，立即追擊北魏軍。

這時，天氣突變，驟然刮起東南大風，飛沙滿天，雨隨風至，赫連昌之軍利於順風追擊，便趁勢猛攻魏軍，形勢對魏軍很不利。但拓跋燾堅定指揮作戰，除派兵正面迎擊敵軍外，將騎兵分爲左右兩隊，繞道截斷夏軍後路，從背後順風向夏軍反突擊，將不利變爲有利。

激戰中，拓跋燾身先士卒，雖身中飛箭，仍帶傷奮勇殺敵。在魏軍前後夾擊、拚死力戰下，夏軍被殺一萬餘人，赫連昌來不及回城，率殘部敗逃，北魏軍取得了統萬城之戰的最後勝利。

不久，北魏軍進逼，夏國滅亡。

發生在中國的反劫機行動

就在三名反劫機英雄向歹徒們猛撲上去的瞬間，歹徒手中的手榴彈和匕首突然被兩名不知身份的人奪下，接著以迅雷不及掩耳的速度將歹徒們制服。

一九八九年四月三日，一架從英國倫敦國際機場起飛的波音七四七客機滿載著二百多名乘客剛剛升空，就被四名武裝歹徒劫持。歹徒們選擇了尙無「反劫機行動經驗」的中國做爲飛機的停降地。中國政府破例允許客機在東南沿海的軍用機場著陸，並採取緊急行動，做好營救人質的準備。

客機著陸後，歹徒們通過無線電與機場塔台聯繫，以二百多名乘客和機組人員的生命相威脅，向中國政府提出了包括索要五千萬美元現金在內的各種無理要求，否則就將用烈性炸藥引爆飛機，與機上所有人質同歸於盡。

中國政府一面與劫機歹徒巧妙周旋，一面召來特種部隊，制定了周密的反劫機行動計劃，對可能發生的「意外」都精心進行了研究。

要制服劫機分子，又要保障二百多名人質的生命安全，無疑是個超高難度的計劃。爲了創造登機的條件，中方提出給飛機加油和向二百多名人質提供飲水的建議。歹徒們一開始就沒有把中國放在眼裡，認爲中國政府從無反劫機行動經驗，猶豫片刻之後就同意了。

三名特種部隊成員打扮成機場工人，提著水，在歹徒們的嚴密監視下，一步一步地靠近了客機的舷梯。一名滿臉大鬍子的歹徒打開艙門，示意他們可以上機。但是，就在三名「工人」接近機艙時，「大鬍子」擋住他們的去路，吼叫著命令他們放下水桶。

三名「工人」慢悠悠地放下水桶，一名「工人」還揚起胳臂擦擦滿面的汗水。「大鬍子」做了一個手勢，讓三名「工人」立即離開飛機，隨後扭頭招呼機上的同夥前來取水。

機會來了！

三名「工人」相互看了一眼，走在最前面的那位「工人」一步躍到艙門前，揮拳將「大鬍子」擊倒。說時遲，那時快，後面的兩名「工人」不待「大鬍子」躺倒在地，早已飛身跳入機艙。

一剎那間，機艙內的三名歹徒驚呆了，但他們很快又醒悟過來，抽出手榴彈，揮舞匕首，企圖做垂死掙扎。就在三名反劫機英雄向歹徒們猛撲上去的瞬間，歹徒手中的手榴彈和匕首突然被兩名不知身份的人奪下，三名反劫機英雄乘機以迅雷不及掩耳的速度將歹徒們制服。

原來，那兩名不知身份的人是某國情報局的警探，他們登機去執行緝私工作，不料遇上了劫機事件。兩名警探反覆商量採取行動，但力單勢薄，不敢輕舉妄動，這時見時機已到，便果斷行動。

一場閃電般的反劫機行動至此以全勝宣告結束。

服裝廠連夜趕製樣品

工藝廠連夜趕製樣品，使合約得以簽訂，贏得了顧客。倘若死守一個月後交樣品的常規，這筆生意就做不成了。

現代市場複雜多變，競爭激烈，許多偶然機會像閃電一樣，稍縱即逝，只有迅速行動，速戰速決，才能抓住機遇，佔領市場，增大效益。

某年春節將至，一家服裝廠員工們正沉浸在節日到來的歡樂中，突然廣播裡傳出了召開緊急會議的通知。原來，廠長剛剛接到一筆生意，一家美國客商需要訂一批西裝，但必須立即拿出一批樣品，否則即轉到別國訂貨。

廠長當機立斷，懇求員工們緊急加班。工人立即返回工作崗位，緊急製作樣品。

經過日夜趕工，服裝廠拿出了一批品質上乘的樣品，美商見後嘖嘖稱讚，當場拍板，簽訂了一萬多套的西裝合約。

一個服裝小廠，用閃電般的行動，捉住了閃電般的機遇，一舉打入國際市場，獲得了豐富的利潤。如果他們反應遲鈍，拖拖沓沓，就會讓別人捷足先登了。

某年的春季交易會上，一位美國商人拿著一隻長毛絨玩具狗訂貨，但要求第二天就見到複製樣品。大多數廠商都表示，最快要一個月之後才能交出樣品。

一家工藝廠廠長得此消息，立即找到那位外商，要求承接這批生意，外商仍堅持第二天看樣品，廠長果斷答應了。當天晚上，廠長與同伴們立刻動工趕製，忙了一個通宵，三隻標準樣品狗製作出來，並按時送到外商手中。

外商見了讚不絕口，於是簽訂了六千打玩具狗合約。這以後，這位美商成為該廠的熟客，連續訂購十萬打玩具狗，成為該廠最大的主顧。

工藝廠連夜趕製樣品，使合約得以簽訂，贏得了顧客。倘若死守一個月後交樣品的常規，這筆生意就做不成了。

路透社靠速度轉敗為勝

路透認為，「除了用秘密作戰來戰勝對手之外」，別無他法，悄悄地鋪設一條專用電報線，以便從地理位置和傳送速度上壓倒對手。

十九世紀五〇至六〇年代，歐洲和美洲大陸普遍使用電報線路來傳遞新聞和情報，大大縮短了通訊所需的時間。但是，由於大西洋海底電纜未能鋪設成功，歐洲與美洲之間的消息無法及時傳遞和交流。當時，唯一的手段仍然依靠定期航船。

隨著美國南北矛盾日益尖銳，戰爭隨時可能發生，歐洲各國政府和社會各界人士十分關注美國的形勢，希望儘快得知最新的消息。爲此，各個報社和通訊社之間形成了激烈競爭。

當時，英國的報社和通訊社都採用傳統的方法來報導美國的消息，派小型蒸汽艇到英國南部的南安普敦港口外等候。由北美大陸駛來的船舶到達港口外海時，便有人把裝有新聞稿件的木盒扔到海裡，小型蒸汽艇上的人再把木盒撈上來，然後迅速地開進南安普敦港，再跑到電報局把木盒裡的稿件內容發往倫敦。

從北美來的只有一艘船，而派聯絡艇取稿件的卻有好多家。由於取到新聞稿件的時間差不多，所以沒有一家新聞能獨佔鰲頭，比別家搶先一步。

到了一八五三年，「磁力電報公司」和「電報通訊公司」鋪設了一條連接蘇格蘭和愛爾蘭的海底電纜，報社和通訊社又採用了新辦法：派聯絡艇在愛爾蘭南面的昆士蘭海面上迎候北美開來的船舶。

昆士蘭比南安普敦離美國的距離近了大約四百海浬，聯絡艇上的人拿到木盒後，可以立刻到附近的科克市給倫敦發直通電報。

起初路透社並不瞭解這個新情況，仍然利用老辦法。有一天，他突然發現兩家公司比自己更早向訂戶提供一則內容相同的稿件。這個消息對路透來說無疑是個晴天霹靂！因爲提供快訊一直是路透社的拿手好戲，現在竟然讓別人搶先，如果不立即採取有效措施，後果不堪設想。

經過苦思冥想，路透認爲，「除了用秘密作戰來戰勝對手之外」，別無他法。他採取的具體辦法是：在對手已經佔據了的昆士蘭西面九十公里處的克魯克黑文修建一個電報基地，悄悄地鋪設一條聯接克魯克黑文和科克市的專用電報線，以便從地理位置和傳送速度上壓倒對手。

爲了做到萬無一失，路透還專門準備了一艘能坐三人的小舢板，在克魯克黑文海面上值班，一旦發現西面有從北美開來的船隻，就發出信號讓聯絡艇主動迎上前去取稿件。

對手也是在這一帶海面迎候從北美來的船隻，但是，拿到稿件後要航行一百餘公里返回科克市才能發報，而路透社的聯絡艇只要開到附近的克魯克黑文就行了。等到對手的聯絡艇趕到科克市的時候，倫敦的路透總社早就收到了電報，並且已經編成快訊稿送到訂戶手中去了。

麥當勞速食經營秘訣

「品質上乘、服務周到、地方清潔。」這既是三條方針，又是三項標準。「麥當勞叔叔」這個令人難忘的形象，給顧客留下難以忘懷的印象。

雷蒙·A·克羅克是靠經營漢堡發跡的大富豪。

一九五四年，五十三歲的克羅克買下了麥當勞及漢堡、炸薯條的專利權。麥當勞最初是由一對叫麥當勞的年輕兄弟創建的，專賣漢堡和炸薯條。這每個十五美分的漢堡看起來不起眼，可每年的營業額意達二十萬美元。正因如此，克羅克才做出了經營漢堡和炸薯條的決策。

由於這兩種食品味美價廉，食用方便，生意非常興隆。幾年之間，克羅克經營多的漢堡店增加到二八〇家。僅一九六〇年一年就賺了五千六百萬美元。經過三十多年的苦心經營，克羅克的漢堡已暢銷美國五十個州及全世界三十多個國家和地區。

「顧客第一，時時處處為方便顧客著想。」克羅克懂得消費者就是上帝，只有把顧客放在第一位，使他們得到滿意的服務，就不愁賺不到錢。

他根據人們越來越珍惜時間、講究效率、生活節奏加快的特點，始終以「快捷」、「方便」吸引顧客。

為了方便顧客快速就餐，一律採取「自助餐」的形式。食物都裝在紙盒裡，顧客只需排一次隊，就可將食物自行取走。為使餐桌周轉快，保證每一位顧客都能坐下，店內不設電話和音響設備，以減少顧客在店內逗留的時間。速食店在生意最忙的時候，只需一兩分鐘就能將熱氣騰騰的食品送到顧客手中。

克羅克還在高速公路兩邊和郊區開設了許多分店，以保證大批出門的顧客有休息和吃飯的地方。在離店鋪不遠的地方，裝上許多通話器，上面標明食品名稱和價格，使外出遊玩和辦事的乘客經過時，只需打開車窗門，向通話器報上所需食品，車開到店側小窗口就能一手交錢，一手取貨，並可馬上驅車上路。

歐美國家每逢週末或假日，父母習慣帶孩子外出遊玩，尤其希望在孩子過生日時能以宴會或聚餐晚會形式表示祝賀。爲了滿足這種需要，克羅克分店專門設置了兒童遊樂園，供孩子邊吃邊玩，還專門爲孩子舉辦生日慶祝會。克羅克想盡一切辦法使每一家分店都成爲對孩子有吸引力的地方，因此，每到週末或星期天，速食店總是顧客盈門，生意興隆。

「品質上乘、服務周到、地方清潔。」這既是三條方針，又是三項標準。

克羅克爲了讓每一家小店都能引人注目，便於顧客辨認，規定所有速食店的服務員都穿上具有明顯花紋的制服，所有速食店都掛上耀眼奪目的「M」字霓虹燈標誌。此外，還在廣告中設計了「麥當勞叔叔」這個令人難忘的形象，給顧客留下難以忘懷的印象。

阿奈特．魯成功的奧秘

最重要的是及時把握需求動向，阿奈特．魯的公司快速收集市場動態，快速更新產品，總是捷足先登，提早一步，因此能一直立於不敗之地。

阿奈特．魯是法國的優秀女企業家，主要成績是，在二十世紀八〇年代初造船業面臨危機、大船廠靠補貼才得以維持生產的情況下，使法國的貝納多船廠起死回生，煥發生機。

她的奧秘是：及時推出適應潮流的新產品。她的這種靈敏反應被稱為「阿奈特直覺」，一旦看準新的需求，就能一錘定音，穩操勝券。

阿奈特．魯二十二歲便繼承了父親的事業——貝納多船廠。當時，她就嗅出風向，預見到遊艇熱潮的來臨。她認為，「最理想的方法是在顧客意識到自己未來的口味之前就推出新產品。」

在她哥哥協助下，她決定建造一艘捕魚和遊憩兩用船。隔年，她在貝納多船廠舉辦的水上用具展覽會上展出了她的兩用船。展覽一開始，就有三位先生光臨，對她說：「您的船正中我們下懷。」

他們一下就訂購了一百艘船。在接下來的幾天裡，阿奈特．魯得到六個月的訂貨。她贏得了第一局的勝利後，決定徹底改造她的企業。顧主變了，材料變了，船種也變了。聚酯取代了木材，遊艇取代了拖網船。

她建立一個組織嚴密的銷售網，通過經銷商接觸顧客，和顧客建立密切的聯繫，以瞭解他們的口味和需求。所有特許經售商定期集會研究顧客的變化，然後做出綜合分析，預測遊艇駕駛員的需求，然後用圖紙和新產品把它展現出來。

她推出的新型系列遊艇「孚斯特號」被評為該年度最佳遊艇。後來，她特意為美國市場設計了新遊艇「牧歌號」，大獲好評。

貝納多造船公司擁有最先進的生產設備：六個製造不同船體的專業工廠。每個工廠都裝有從生產到儲存包裝的自動流水線，實現了全部生產流程的自動化，最優秀的船體設計師都來這裡大顯身手。此外，產品檢驗非常嚴格，要進行機械耐力、水池浸泡、發動機功能等全面測試……

由於採用一整套先進技術，以及配備了一支具有競爭精神的職工隊伍，貝納多公司贏得了國際聲譽。

在現代商業活動中，最重要的是及時把握需求動向，以最快的速度生產適銷對路的產品。阿奈特．魯的公司快速收集市場動態，快速更新產品，總是捷足先登，提早一步，因此能一直立於不敗之地。阿奈特．魯的成功絕非僥倖，而是憑藉自己的敏銳觀察和預見，苦心經營的結果。

【第2章】

知兵之將

孫子認為，懂得用兵的將領，能避免人民過多犧牲，能使國家轉危為安。主將戰略決策的正確與否，是決定戰爭勝敗、人民生死和國家存亡的關鍵因素，每個統兵將領都必須深刻地認識到自己肩負的重大使命。

晏嬰使齊國免於遭難

范昭回國後對晉平公說明情況，晉平公於是滅了攻伐齊國的念頭。齊景公任賢臣，使齊國走上康莊大道，可見用知兵之將的重要性。

齊國曾是春秋戰國時期第一個稱霸的國家，但是齊桓公死後，齊國逐漸衰落。過了一百年，齊景公當上國君，爲了恢復齊國的往昔繁盛，任用晏嬰等一批賢臣，使齊國再度欣欣向榮。

齊國的繁榮和強盛讓稱霸中原的晉國感到不安。晉平公爲了向諸侯各國顯示自己「霸主」的威力和鞏固地位，想征伐齊國，給齊國一點顏色看看。

爲了探清齊國的虛實，晉平公派大夫范昭出使齊國。

范昭到了齊國，齊景公設盛大宴會款待晉國使者。酒到酣熱處，范昭對齊景公說：「請大王把酒杯借我用一下。」

齊景公不知其意，便吩咐侍從：「把我的酒杯斟滿，爲上國使者敬酒！」侍從倒滿酒，恭恭敬敬地送到范昭面前，范昭端起酒，一飲而盡。

晏嬰把范昭的舉止和神色看在眼裡，大爲憤怒，厲聲命令斟酒的侍從：「撤掉這個酒杯！給國君換一個乾淨的。」

范昭聞言，吃了一驚，故意佯作喝醉，站起身，手舞足蹈地跳起舞來，邊舞還邊對樂師說：「請給我奏一曲成周之樂，以助酒興！」

樂師從晏嬰命令侍從撤杯的舉動中看出了范昭的用意，站起來對范昭說：「下臣不會奏成周之樂。」

范昭連討沒趣，藉口已經喝醉，告辭回驛館去了。

齊景公見范昭不悅而去，心中不安，責怪晏嬰說：「我們要跟各國友好往來，范昭是上國使者，怎麼能惹怒人家呢？」

晏嬰回道：「范昭不過是以喝醉爲名來試探我國的實力，爲臣這樣做，正是要挫掉他的銳氣，使他不敢小看我們。」

樂師也跟著說：「成周之樂是供天子使用的，范昭不過是個小小使者，未免太狂妄了。」

齊景公這才恍然大悟。

第二天，范昭拜見齊景公，連連向齊景公道歉，說自己酒醉失禮。齊景公回了幾句客套話，然後派晏嬰帶范昭去齊國的軍營和街市上參觀。

范昭回國後，不無感觸地對晉平公說明情況：「齊國國力不弱，群臣同心，暫時不可圖謀。」

晉平公於是滅了攻伐齊國的念頭。

齊景公任賢臣，使齊國走上康莊大道，可見用知兵之將的重要性。

墨子憑智謀救宋國

楚王雖然看不懂，但從公輸般的神色上可以猜到墨子贏了。楚王洩氣了，墨子憑智謀制止了一場以強凌弱的戰爭。

公輸般，又名魯班，是春秋時期的能工巧匠，發明了一種「鉤拒」，楚王憑藉它打敗了越國。公輸般隨後製作了「雲梯」，專門用做攻城時使用，楚王又想借助它來攻打宋國。

墨子聽說了這件事，急忙從魯國趕到楚國會見公輸般，勸說公輸般讓楚王放棄攻宋。墨子對公輸般說：「北方有人欺辱了我，想委屈您去替我殺掉他！」

公輸般滿面不高興，墨子急忙補充說：「我會送給您一千兩金子做爲酬謝。」

公輸般生氣了，說道：「我絕不做這不義之事。」

墨子連連向公輸般致謝道：「是啊！這是不義的事情。可是，您不殺一個人，卻要幫助楚王去殺一國的人，難道這就是仁義嗎？」

公輸般尷尬地說：「這……雲梯是我造的，但打仗是楚王的事啊。」

墨子請求公輸般把自己引薦給楚王，公輸般同意了。墨子見到楚王，深深地鞠了一個躬，然後說：「我有一件事一直想不通，今日特來向大王請教。」

楚王回答：「先生只管講。」

墨子說：「從前有一個人，不要華麗的車子，卻去偷鄰居的破車；不要華麗的錦緞，卻去偷鄰居家的破短襖；不要米肉，卻去偷鄰居家的糠飯……」

楚王大笑道：「這個人一定是生了偷雞摸狗的病。」

墨子乘機說道：「如今楚地五千里，宋地不過五百里；楚地國富民豐，宋地連年遭災。這猶如麗車與破車、錦緞與破襖、米肉與糠飯。大王要去攻打宋國，與那位生病之人有什麼不同呢？」

楚王說：「你的話不是沒有道理，但雲梯已經造好，我還是要試一試。」

墨子說：「雲梯固然可以攻城用，但成敗與否還很難說，不信，請讓我與公輸般先生比試一下。」

楚王回答：「好吧。」隨即命令侍從拿來模擬武器的木片，一半給公輸般，一半給墨子。

墨子解下腰帶彎成弧形，當做城牆，公輸般進攻，墨子防禦。兩人進進退退，進退變了九種花樣之後，公輸般就停下來。然後，公輸般防禦，墨子進攻，進退又變了幾種花樣，墨子的木片就突入了腰帶的孤線裡面，公輸般只好悻悻地放下手中的木片。

楚王雖然看不懂，但從公輸般的神色上可以猜到墨子贏了。

楚王和公輸般想把墨子作人質，扣押在楚國。墨子胸有成竹地說：「我已把攻戰之法教給了我的學生。禽滑厘等三百人已拿著我的守禦器械在宋國的城牆上嚴陣以待，即使殺了我也無濟於事。」

楚王洩氣了，無奈地對墨子說：「好吧，我們不去攻打宋國了。」

墨子憑智謀制止了一場以強凌弱的戰爭。

呂蒙與張釋之嚴明法紀

嚴明軍紀有利於行軍作戰，呂蒙懂得軍紀的重要性，逐將違紀者斬，因而深受眾人所服，為他作戰奠定了強大的後盾。

三國時期，吳將呂蒙攻佔江陵後，曉諭全軍：「入城後，對關羽部將士、眷屬和百姓財物不得求取，違令者斬首。」

吳軍將士嚴守軍令，城內秩序井然。

一天深夜，大雨如注，露宿街頭的吳軍上自將軍呂蒙，下自兵卒，個個淋得如落湯雞。一個士兵見官鎧被雨淋濕，內心十分痛惜，便進入民舍索取一個舊斗笠蓋在官鎧上。

天亮之後，呂蒙巡視部隊，發現此事，便對這位士兵說：「你愛護官鎧，保護手中兵器是對的，我要向全軍嘉諭。然而你取民斗笠，雖蓋官鎧，卻違犯軍紀，軍令不容。我們打天下，光靠武力不行，還要得民心。我軍入江陵時就三令五申，不動關羽將士眷屬和平民百姓的財物，我不能因你愛惜兵器而廢軍法。」說著，這位馳騁沙場的將軍，情不自禁地雙眼流淚，低首輕聲下令：「將違紀者斬首。」

此令一下，在場將士無不震驚。

江陵百姓聞知此事，敬服於呂蒙所部嚴明軍紀，紛紛背蜀降吳。

嚴明軍紀有利於行軍作戰，呂蒙懂得軍紀的重要性，將違紀者斬首，因而深受眾人敬服，為他作戰奠定了強大的後盾。

有一次，漢文帝外出，經長安市中一座橋時，有人突然從橋下闖了過來。漢文帝的坐騎受到驚嚇，前蹄躍在半空，後腿直立，漢文帝險些從馬上墜落下來。左右侍衛立刻逮捕了這個人，帶到廷尉府，要求嚴懲。

廷尉張釋之啓奏皇帝：「按規定，犯蹕的人，只能罰以相應的罰金。」

漢文帝不滿地說：「此人擾亂行伍，驚嚇馬匹，害得朕都險些墜馬喪命，怎麼能處罰得如此輕呢？」

張釋之解釋道：「啓奏陛下，按照律令只能如此處置。如果按照陛下的心情定罪，會影響百姓對法律的信賴。廷尉的工作就是公正執法，如果廷尉失去公正立場，天下官吏群起仿效，執法將失去尺度，政治將失去民心，天下就會大亂。」

漢文帝仔細考慮後，覺得言之有理，只得忍下心中的憤怒，同意張釋之的處置。

張釋之以法治國，使政治穩定，不愧是一代名臣。

蕭何月下追韓信

歷時五年的楚漢戰爭中，韓信成為劉邦的主要軍事謀劃者和指揮者，以智勇雙全、多謀善戰的軍事才能，創造了許多著名的戰爭範例。

楚漢戰爭期間，在劉邦麾下擔任治粟部尉的韓信私自離開軍營，當時誰都不在意，蕭何知道後，卻緊急策馬去追韓信。

韓信原先在項羽軍中當個郎中的小官，因爲不受重用，才投奔到劉邦營裡。蕭何對韓信的軍事才能十分瞭解，多次向劉邦推薦要重用韓信，但劉邦不置可否，不久韓信便偷偷逃離了漢軍。

兩天後，蕭何把韓信勸回軍營。劉邦見蕭何回來，嗔怪道：「一個小小的治粟都尉，值得你去追回來嗎？」

蕭何說：「大王如果要與項羽爭奪天下，一定要重用韓信，他是個軍事奇才。」

劉邦聽蕭何這麼說，動了心：「那我就封他爲將軍！」

蕭何說：「這還不夠。」

「那就拜韓信爲大將，把他叫來，當場拜他。」

「拜大將是件莊重的事。大王應挑選吉日良辰，齋戒沐浴，搭設拜將台，舉行隆重的拜將儀式，韓信才能行使大將職權，爲大王的帝王之業效命。」

劉邦於是照蕭何說的去做。

韓信拜將後，統率大軍四處征戰。在歷時五年的楚漢戰爭中，韓信成爲劉邦的主要軍事謀劃者和指揮者，以智勇雙全、多謀善戰的軍事才能，創造了許多著名的戰爭範例，爲建立西漢政權建立了卓越的功勳。

劉備三顧茅廬

諸葛亮深為劉備的誠意感動，向他分析了天下大勢，並欣然接受了出山的邀請。劉備三顧茅廬，任人唯賢，更傳為千古佳話。

劉備屯兵新野期間，司馬徽和徐庶向他推薦了很多賢士，諸葛亮就是其中最突出的一個。

司馬徽對劉備說：「荊州這一帶有兩個最卓越的俊傑：一個是別號『臥龍』的諸葛亮，一個是人稱『鳳雛』的龐統。」

徐庶也向劉備介紹說：「諸葛亮的才幹，完全可以與興周八百年的姜子牙、旺漢四百年的張子房相比。」

劉備急切地對徐庶說：「那就麻煩您去把諸葛亮請來吧！」

徐庶說：「諸葛亮是個大賢人，不是隨便能夠請得動的。你如不誠心誠意親自前去恭請，諒他不會輕易出山的。」

建安十二年深冬的一天，劉備載著重禮，帶領關羽、張飛，親自到隆中拜會諸葛亮。適逢諸葛亮外出，連他家的書童也說不清他的去向，劉備只好掃興而歸。

過了幾天，有消息說諸葛亮外出已回。劉備聞訊，急忙想再去拜訪。張飛不以為然地說：「諸葛亮只不過是一個年輕書生，犯不著讓您一再去請，派人把他叫來不就得了？」

劉備說：「想見賢明的人而不用恰當的方法，就好像想請人從門外進來卻將門關閉著一樣。諸葛亮是當代的大賢，怎麼能隨便派人去召他呢？」

劉備說服了張飛，又帶著關羽、張飛二人再次出發了。這一天，北風刺骨，大雪紛飛，張飛提出不如先回新野，待天晴再來。劉備又耐心地解釋說：「我怕諸葛亮不接受我的邀請，所以專門趁這種天氣去請他，使他知道我對他是真心渴慕，也許會因此而感動他出山呢！」

不料，這一次訪問，劉備仍未見到諸葛亮，僅見到了諸葛亮的弟弟諸葛均。劉備給諸葛亮留下了一封信，表達了自己的誠意。

過了一些時候，劉備決定第三次拜訪諸葛亮。

這一回，連一向比較持重的關羽也不滿地說：「諸葛亮避而不見，諒他並無眞才實學。」

張飛更是魯莽地說：「這個年輕書生好大的架子，欺人太甚，不如派人用條繩子綁來算了！」

但劉備虛心禮賢，安撫了關、張，第三次踏上去隆中的路。

這次總算遇到諸葛亮在家，但正在午睡。劉備不敢打擾，屏聲靜氣在門外久候，一直等他醒來。劉備恭恭敬敬地向諸葛亮施禮問候，訴說了自己的志願和渴望他出山的請求。

諸葛亮深爲劉備的誠意感動，在草廬裡向他分析了天下大勢，並欣然接受了出山的邀請。

諸葛亮離開隆中茅廬，年方二十七歲。在爾後的二十七年中，他幫助劉備建立了政權，輔佐劉禪治理蜀漢，內修政理，外結東吳，厲行法治，任人唯賢，獎勵耕戰，發展農業；積極維護少數民族和漢族之間的傳統關係，促進了西南地區各族人民的融合和社會經濟的發展；先後經歷了赤壁鏖戰、進軍益州、南征平叛、六出祁山等戰鬥，一直奮鬥到生命的最後一息。

劉備三顧茅廬，任人唯賢，更傳爲千古佳話。

諸葛亮草船借箭

等船幔兩面都射滿了箭後，諸葛亮便令軍士拔錨開船，高喊：「謝丞相送箭！」乘水勢疾駛而去，氣得曹操捶胸頓足。

曹操擊敗袁紹，統一北方後，揮師南下取得荊州，想一舉滅掉劉備和東吳。處於危難之時，諸葛亮肩負孫劉聯合抗曹的使命，到東吳進行遊說。經過舌戰群儒，堅定了孫權抗曹決心後，又與東吳都督周瑜達成默契，借東風火燒曹營。

周瑜與諸葛亮接觸中，發現他的才能出眾，生怕日後對東吳不利，遂心生殺機。某天，周瑜請諸葛亮共議破曹之策，兩人都認為水上作戰需大批弓箭。周瑜便說：「如今軍中正缺箭，想請先生監造十萬枝箭，不知意下如何？」

諸葛亮明白周瑜用意，但為了抗曹大局，還是答應了。

周瑜又限定諸葛亮在三天內把箭造好，豈料諸葛亮滿口答應，並立下軍令狀，若過期限不能交箭，將任憑都督殺罰。周瑜十分高興，暗中又吩咐匠人拖延時日，單等三天後懲治諸葛亮。

東吳謀士魯肅明白周瑜想藉機殺人，怕大戰前會導致孫劉聯盟破裂，十分著急，就去諸葛亮處探聽虛實。

哪知，諸葛亮似乎沒有把此事放在心上，只請魯肅準備二十艘大船，每船三十名軍士，船上用青布作幔，再紮上千餘個草人，並準備進軍鼓號。

魯肅不解其意，但還是做了準備。

到了第三天，魯肅沉不住氣了，正要前去詢問，晚上四更時分，諸葛亮派人來請魯肅去取箭。魯肅滿心疑惑，隨諸葛亮來到江邊。諸葛亮指揮二十艘大船，用繩索連在一起，向江北進發。

這時，江上大霧彌漫。五更時分，船近曹軍水寨，諸葛亮命船隻一字擺開，貼近曹軍水寨，然後擂鼓吶喊。魯肅嚇得面如土色，急忙制止。

曹操接到部屬報告，見大霧甚重，怕有埋伏，便讓手下放箭，又從旱寨調來弓箭手萬餘名，輪番放起箭來。

箭雨如注飛向諸葛亮的船隻，不一會兒船的一面都射滿了箭。諸葛亮下令船隊調頭，讓另一面靠近曹軍水寨，又是一陣擂鼓吶喊。

等船幔兩面都射滿了箭後，諸葛亮便令軍士拔錨開船，高喊：「謝丞相送箭！」乘水勢疾駛而去，氣得曹操捶胸頓足。

來到東吳水寨，天已大亮，諸葛亮用十萬餘枝箭向周瑜交了差。

周亞夫大破七國兵

一場驚天動地的「七國之亂」被周亞夫平息了。周亞夫在國家處於死生存亡的關鍵時刻，以大智大勇力挽狂瀾，保住了漢朝的江山，堪稱是知兵之將。

漢景帝即位不久，吳王劉濞勾結蓄謀造反的六個諸侯王，統率二十萬大軍，勢如破竹地殺向京城。

漢景帝任命太尉周亞夫爲前軍統帥，火速趕往前線擋住劉濞。周亞夫情知戰事危險，只帶了少數親兵，駕著快馬輕車，匆匆向洛陽趕去。行至灞上，周亞夫得到密報：劉濞收買了許多亡命之徒，在京城至洛陽的崤澠之間設下埋伏，準備襲擊朝廷派往前線的大將。

周亞夫果斷避開崤澠險地，繞道平安到達洛陽，進兵睢陽，佔領了睢陽以北的昌邑城，深挖溝，高築牆，斷絕了劉濞北進的道路。隨後，又攻佔淮泗口，斷絕了劉濞的糧道。

劉濞的軍隊北進受阻之後，掉頭傾全力攻打睢陽城，但睢陽城十分堅固，而且城內有足夠的糧食和武器。守將劉武因爲得到了周亞夫配合，率漢軍拼死守城，劉濞在睢陽城下碰得頭破血流後，又轉而去攻打昌邑。

周亞夫爲了消耗劉濞的銳氣，堅守壁壘，拒不出戰，劉濞無可奈何。

漸漸地，劉濞因糧道被斷，糧食日見緊張，軍心也開始動搖。劉濞害怕了，調集全部精銳，孤注一擲，向周亞夫堅守的壁壘發起大規模的強攻，戰鬥異常激烈。

劉濞在強攻中採取了聲東擊西的戰略，表面上是以大批部隊進攻漢軍壁壘的東南角，實際上將最精銳的軍隊埋伏，準備攻擊壁壘的西北角。但是，周亞夫棋高一著，識破了劉濞的計策。

當堅守東南角的漢軍連連告急，請派援兵時，周亞夫不但不增兵，反而把自己的主力調到西北角。果然，劉濞在金鼓齊鳴之中，突然一擺令旗，傾全部精稅，以排山倒海之勢向壁壘西北角發起猛攻，而且一次比一次更猛烈。

激戰從白天一直打到夜晚，劉濞的軍隊在壁壘前損失慘重，勇氣和信心喪失殆盡，加之糧食已經吃光，只好準備撤退。周亞夫哪肯放過這一大好時機，命令部隊發起全面進攻，只一仗就把劉濞打得落花流水。

劉濞見大勢已去，帶著兒子和幾千名親兵逃往江南，不久就被東越國王設計殺死。周亞夫乘勝進兵，把其餘六國打得一敗塗地。楚王、膠西王、膠東王、淄川王、濟南王和越王先後自殺身亡，一場驚天動地的「七國之亂」就這樣被周亞夫平息了。

周亞夫在國家處於死生存亡的關鍵時刻，以大智大勇力挽狂瀾，保住了漢朝的江山，堪稱是知兵之將。

穆拉維約夫擊退英法聯軍

龐大雄厚的英法艦隊面對弱小的俄國海軍毫無作為，反而迭次受挫。在戰爭中能夠正確料定敵軍，是知兵之將應具備的能力。

爲了爭奪土耳其海峽和君士坦丁堡，一八五三年十月，沙皇尼古拉統治下的俄國與土耳其之間爆發了長達三年的克里米亞戰爭。戰爭爆發後，英國、法國堅決支持土耳其，三方結成同盟國。不久，同盟國海軍與俄國海軍先後在黑海、波羅的海、太平洋進行激戰。

當時，同盟國在太平洋的海軍力量遠遠優於俄國。俄國海軍只有四、五艘像樣的戰艦和一些民用船隻，能投入戰鬥的陸上部隊，也不過一千人。

但是，統率這支軍隊的東西伯利亞總督穆拉維約夫伯爵是一個優秀的領導者，手下的各級軍官素質也很好。

穆拉維約夫判斷了雙方的戰備狀況，認爲現在敵我實力相差懸殊，以微弱的軍力防守廣闊的地區是不可能的，必須縮短戰線，把有限的兵力集中守衛最重要的戰略要地，同時用巧計擊退敵軍，因而決定將全部力量投入固守堪察加半島、阿莫爾河口和薩哈林島（庫頁島）。

一八五四年八月二十九日，英、法海軍組成的國際特遣艦隊到達堪察加半島，準備尋找俄國艦隊決戰。穆拉維約夫看到敵人來勢洶洶，深知英、法海軍遠道而來，補給困難，急於速戰速決，於是下令俄海軍全部撤入海港，同時從遠處運來大炮，加強軍港的防禦。

同盟國海軍找不到俄國軍艦，又急於作戰，決定強攻俄國海軍基地彼得羅巴甫洛夫斯克港。

八月三十日，英、法猛烈炮擊該港，俄國防禦該基地的大炮大多被炸。但俄軍徹夜修復大炮，以最快速度重新佈置好了炮火。

這時，三個自稱從一艘捕鯨船上逃出的美國人來到英國軍隊指揮部，告訴他們說，從陸上進攻彼得羅巴甫洛夫斯克更容易。英法軍如獲至寶，迅速派出七百人登陸，突襲俄軍基地。

但是，他們逐漸發現，美國人指引的那條路崎嶇陡峭，極難行走，而且道路兩邊裸露無遮，毫無掩蔽物。再往前走，他們就陷入了埋伏圈，嚴密隱蔽的俄國士兵突然開火，槍彈密集掃射。英法軍隊突遭襲擊，頓時潰不成軍，狼狽逃竄，撤到船上後，發現已死傷過半。

擊退英法軍隊後，穆拉維約夫知道，同盟國還會派更強大的兵力來進攻，決定主動把部隊撤離彼得羅巴甫洛夫斯克，轉移到更隱蔽的地方。為了保證俄國據有阿莫爾河口，他把能夠吃苦耐勞、慣於作戰的哥薩克邊疆居民遷移到那裡。

不出所料，一八五三年四月，一支更雄厚的英法艦隊馳抵堪察加外海，但聯軍還沒來得及部署，俄國軍隊已將全部人員和設備裝載上船，乘著大霧彌漫，躲過盟軍巡洋艦，悄然溜走。

英法聯軍開始猛烈炮擊彼得羅巴甫洛夫斯克，好久之後他們才發現，耗費大量炮彈轟擊的只是一個空港。

隨後，一連幾個月，英法軍隊都在空曠浩淼的海洋上漫無目標地搜索俄國艦隊。直到十月份，他們才終於發現俄國船隻在阿莫爾河口集中。但是在這裡，聯軍的登陸部隊又遭到哥薩克移民痛擊。

就這樣，整整一年裡，龐大雄厚的英法艦隊面對弱小的俄國海軍毫無作爲，反而幾次奔波於北美補給基地和堪察加半島之間，迭次受挫，始終未達預期目的。

在戰爭中能夠正確料定敵軍，是知兵之將應具備的能力。

料事如神的超級船王

歐納西斯傳奇般的發跡史很大程度上得益於能夠預見事物發展方向，不為一時一物所擾的才能，這也是走向成功的必備條件。

希臘船王歐納西斯的一生充滿傳奇色彩，短短幾十年時間，從一個雙手空空、身無分文的難民，一躍而成為世界上知名富豪之一，擁有數十億美元的巨產，創建了世界上最大的商船隊，買下了愛奧尼亞海上的斯科爾比奧斯島，開辦了好幾家造船廠，經營著一百多家公司。

歐納西斯是小亞細亞的伊茲密爾人，十六歲時隨著難民浪潮來到希臘，後來又因無法立足棲身而遠渡重洋，流落到了布宜諾斯艾利斯。正是這一次飄洋過海成了他以後轟轟烈烈事業的起點。

布宜諾斯的希臘僑民替他在電話公司找了個焊工的工作，他精力過人，不負衆望，幾乎每天工作十六個小時，甚至常常通宵達旦地加班。不久，他積攢了一筆相當數目的錢，但他並不滿足這種平庸的生活，開始仔細觀察周圍的世界，並考慮自己的前程。他暗暗發誓：「在我們生活的資本主義社會裡，要發財，非成爲企業家不可。我要努力奮鬥！」

正是這種遠見和信念，他毅然辭掉在一般人看來相當不錯的電話公司職務，決心創辦自己的企業。他選擇了煙草生意，因爲通過仔細觀察和認眞思考，他覺得煙草業在南美具有得天獨厚的貨源和市場，而且投資少、風險小，易於站穩腳跟。

果然，兩年後，他的財產超過了十萬美元。由於出類拔萃的企業家才幹，他在二十四歲的時候，被希臘政府任命爲駐布宜諾斯的總領事，這次任命使他有機會經常接觸船隻。

一九二九年資本主義世界爆發了嚴重的經濟危機，整個世界頓時跌進狂亂和絕望的深淵。然而，歐納西斯卻在一片驚慌失措中冷靜地對局勢做出分析和判斷，以敏銳的洞察力認識到：發生經濟危機的時候生產過剩，物價暴跌，而當經濟繁榮的時候，價格毫無疑問地會隨之回升，甚至還會暴漲。因而誰要是現在能趁機買進便宜貨，以後就能以幾倍的高價把它們拋出。而危機中最不景氣，並註定要遭難的行業，就是海上運輸，因爲經濟危機已經使全世界的貿易處於癱瘓狀態，海上貿易更是首當其衝。

一九三二年的海運量僅僅是一九二八年的三十五%。在這種災難性的打擊下，許多公司不得不以極其低廉的價格大量拍賣船隻。歐納西斯以高人一籌的遠見抓住了這個千載難逢的良機，花了十二萬美元從加拿大國營鐵路公司買下了價值二百萬美元的六艘貨船。他深信，一旦形勢好轉，投下去的本錢一定會賺回來，並會帶來源源不斷的利潤。因而在日益嚴重的危機面前，歐納西斯毫不動搖。

好日子終於來臨了。二次大戰爆發爲海上運輸業帶來了神奇的機會，歐納西斯的船隻一夜之間變成了浮動的金礦。他在戰爭中大發其財，到戰爭結束時，已經成爲有錢有勢、舉足輕重的一代船王了。

二戰在廢墟和殘殺中結束了，企業家對未來的前景感到惶恐不安，唯恐戰後會再一次跌進惡夢般的經濟危機。只有歐納西斯不爲周圍的一切左右，以驚人的預見力認識到，世界經濟必然會有史詩般的發展時期。他還認爲：「經濟的大發展必然會大大刺激能源、尤其是石油的發展，而能源、石油消耗量的大幅度增加，勢必會使油輪運費猛漲。」

根據這種預見，歐納西斯立即投出巨額資金大造油輪，取得了驚人的成就。二戰前，歐納西斯擁有的油輪總噸位只有一萬噸，到一九六〇年，已發展到十萬噸，到一九七五年，已擁有油輪四十五艘，其中有十五艘是二十萬噸級以上的超級油輪，油輪成了他最大的搖錢樹。

然而，歐納西斯並沒有滿足於得到的這一切，又把目光瞄準了世界經濟的「黑色血液」——石油，下決心打破阿美石油公司對阿拉伯石油的壟斷權，操縱世界石油運輸業。於是，他又向世界上最大的阿美石油公司發起進攻。

一九五三年夏天，歐納西斯乘自己的豪華遊艇「克莉絲蒂娜」號前往沙烏地阿拉伯進行一次閃電式訪問，與國王和王儲長時間密談。

他對沙烏地國王說：「年高德劭的國王啊，阿拉選中了你，把人間的財富全給了你，你爲什麼不想法把你的利潤再擴大一倍呢？阿美石油公司把你的石油開採出來，通過運輸就可賺到兩倍的錢。你爲何不自己買船運輸呢？阿拉伯的石油理應由阿拉伯的油輪來運輸啊！」

原來，阿美石油公司和沙烏地國王訂有壟斷開採石油的合約，每採一噸石油需支付沙烏地相當數目的特許開採費，然後用自己的船隊把石油運往世界各地。但是，合約並沒有排斥沙烏地阿拉伯擁有自己的船隊從事運輸。歐納西斯正是利用這個可乘之機勸說沙烏地國王，在他與阿美之間打入一支楔子，以此從中漁利。

幾個月後，歐納西斯與沙烏地王國簽訂了著名的「吉達協定」，宣佈成立沙烏地阿拉伯油輪海運有限公司，擁有沙烏地阿拉伯油田開採石油的運輸壟斷權，股東是沙烏地王國和歐納西斯。

這一成就相當驚人，給了阿美石油公司致命的打擊。

歐納西斯傳奇般的發跡史很大程度上得益於能夠預見事物發展方向，不爲一時一物所擾的才能，這也是走向成功的必備條件。

卡內基率先興辦鋼廠

卡內基看準時機，傾注所有資產發展鋼鐵業，不愧具有雄才大略的企業家。當然，這種破釜沉舟式的大賭注，只有把握準時機與方向時方可實行。

十九世紀六〇年代初期，美國的鐵路還處於鐵製時代，無論橋樑還是路軌全是鐵造的，時常發生事故。安德魯．卡內基在鐵路公司任職，早就覺察到這是一個有待解決的大問題。

一天，卡內基在報上看到了一則消息，歐洲的貝色麥發明了一種煉鋼法，使鋼的製作有了大量生產的可能。

他馬上意識到這將意味著鐵的時代沒落，鋼的時代即將登台，誰能捷足先登，必將前程無量。

考慮到自己的財力有限，他便馬上與弟弟商量，要把他們的全部資本抽出來投資辦鋼廠，而且還要借一筆款子。

卡內基的弟弟沒有多大氣魄，以爲哥哥精神出了問題，忙說：「這樣做太冒險了，不能把所有的雞蛋放在一個籃子裡吧？」

卡內基說：「我看準了，鋼取代鐵是必然的趨勢，先下手爲強，肯定可以發大財，它值得我們下一筆大賭注。」

他的弟弟自幼就一切聽哥哥的，儘管有些不放心，還是按照他的意思去做了。

首先是買廠址，卡內基看中了獨立戰爭時代的布拉多克戰場一帶的一片土地。那塊地的地主聽說卡內基要在他的土地上開工廠，竟一夜之間從每英畝五百元提高到二千元。

卡內基的弟弟猶豫起來，連忙發電報請示哥哥。卡內基接電報時正在吃飯，他馬上放下餐具去電報局發了一個加急電報，告訴弟弟趕快買下來，不然明天就要漲至四千元了。

卡內基鋼廠興辦起來以後，一直一帆風順。鋼廠的最初資本只有一百萬元，但不久每年利潤就達到二百萬元，後又增至五百萬元、一千萬元，紅火得令人嫉妒。到了一八九〇年，年利潤已達四千萬元。

卡內基看準時機，傾注所有資產發展鋼鐵業，不愧具有雄才大略的企業家。當然，這種破釜沉舟式的大賭注，只有把握準時機與方向時方可實行。

【謀攻篇】

【原文】

孫子曰：

凡用兵之法，全國為上，破國次之；全軍為上，破軍次之；全旅為上，破旅次之；全卒為上，破卒次之；全伍為上，破伍次之。是故百戰百勝，非善之善者也；不戰而屈人之兵，善之善者也。

故上兵伐謀，其次伐交，其次伐兵，其下攻城。攻城之法，為不得已。修櫓轒轀，具器械，三月而後成，距堙，又三月而後已。將不勝其忿而蟻附之，殺士三分之一而城不拔者，此攻之災也。

故善用兵者，屈人之兵而非戰也，拔人之城而非攻也，毀人之國而非久也，必以全爭於天下，故兵不頓而利可全，此謀攻之法也。

故用兵之法，十則圍之，五則攻之，倍則分之，敵則能戰之，少則能逃之，不若則能避之。故小敵之堅，大敵之擒也。

夫將者，國之輔也，輔周則國必強，輔隙則國必弱。

故君之所以患於軍者三：不知軍之不可以進而謂之進，不知軍之不可以退而謂之退，是謂縻軍。不知三軍之事，而同三軍之政者，則軍士惑矣。不知三軍之權而同三軍之任，則軍士疑矣。三軍既惑且疑，則諸侯之難至矣，是謂亂軍引勝。

故知勝有五：知可以戰與不可以戰者勝；識眾寡之用者勝；上下同欲者勝；以虞待不虞者勝；將能而君不御者勝。此五者，知勝之道也。

故曰：知彼知己者，百戰不殆；不知彼而知己，一勝一負；不知彼，不知己，每戰必殆。

【注釋】

全國為上，破國次之：全，完整。國，春秋時，主要指都城，或者還包括外城及周圍的地區。破，攻破、擊破。此句言以實力爲後盾，迫使敵方城邑完整地降服爲上策，而經過戰爭交鋒，攻破敵方城邑則稍差一些。

軍、旅、卒、伍：春秋時軍隊編制單位。一二五〇〇人爲軍，五百人爲旅，一百人爲卒，五人爲伍。

非善之善者也：不是好中最好的。

不戰而屈人之兵，善之善者也：屈，屈服、降服。此句說不戰而使敵人屈服，才能說是最高明的。

上兵伐謀：上兵，上乘用兵之法。伐，進攻、攻打。謀，謀略。伐謀，以謀略攻敵贏得勝利。此句意爲：用兵的最高境界是用謀略戰勝敵人。

其次伐交：交，交合，此處指外交。伐交，即進行外交戰以爭取主動。當時的外交戰，主要爲運用外交手段瓦解敵國的聯盟，擴大、鞏固自己的盟國，孤立敵人，迫使其屈服。

伐兵：透過軍隊間交鋒一決勝負。兵，軍隊。

攻城之法：法，辦法、做法。

為不得已：出無奈而爲之。

修櫓轒轀：製造大盾和攻城用的四輪大車。修，製作、建造。櫓，藤革等材料製成的大盾牌。轒轀，攻城用的四輪大車，用桃木製成，外蒙生牛皮，可以容納兵士十餘人。

具器械：具，準備，意爲準備攻城用的各種器械。

距堙：距，通「具」，準備。堙，土山，為攻城做準備而堆積的土山。

又三月而後已：已，完成、竣工之意。

將不勝其忿而蟻附之：勝，克制、制服。忿，忿懣、惱怒。蟻附之，指驅使士兵像螞蟻一般爬梯攻城。

殺士三分之一而城不拔者：士，士卒。殺士三分之一，即使三分之一的士卒被殺。拔，攻佔城邑或軍事據點。

攻：此處指攻城。

屈人之兵而非戰：不採用直接交戰的辦法而迫使敵人屈服。

拔人之城而非攻也：意為奪取敵人的城池而不靠硬攻的辦法。

毀人之國而非久也：非久，不要曠日持久，指滅亡敵人之國無須曠日持久。

必以全爭於天下：全，即上言「全國」、「全軍」、「全旅」、「全卒」、「全伍」之「全」。此句意為一定要根據全勝的戰略爭勝於天下。

故兵不頓而利可全：頓，同「鈍」，指疲憊、挫折。利，利益。全，保全。

此謀攻之法也：這就是以謀略勝敵的最高標準。法，標準、準則。

十則圍之：兵力十倍於敵就包圍敵人。

倍則分之：倍，加倍。分，分散。有兩倍於敵人的兵力，就設法分散敵人，造成局部上的更大優勢。

敵則能戰之：敵，指兵力相等，勢均力敵。此句意思是如果敵我力量相當，則當敢於抗擊、對峙。

少則能逃之：少，兵力少。逃，逃跑躲避。

不若則能避之：不若，不如，指實際力量不如敵人。

小敵之堅，大敵之擒也：小敵，弱小的軍隊。堅定、強硬，此處指固守硬拼。大敵，強大的敵軍。擒，捉拿，此處指俘虜。弱小的部隊堅持硬拚，就會被強大的敵人所俘虜。

國之輔也：國，指國君。輔，原意爲輔木，這裡引申爲輔助、助手。

輔周則國必強：言輔助周密、相依無間國家就強盛。周，周密。

輔隙則國必弱：輔助有缺陷則國家必弱。隙，縫隙，此處指有缺陷、不周全。

君之所以患於軍者三：君、國君。患，危害。意思是爲國君危害軍隊行動的情況有三個方面。

謂之進：謂，使、命令的意思。

是謂縻軍：這叫做束縛軍隊。縻，束縛、羈縻。

不知三軍之事而同三軍之政者：不瞭解軍事而干預軍隊的政令。三軍：泛指軍隊。春秋時一些大的諸侯國設三軍，有的爲上、中、下三軍，有的爲左、中、右三軍。同，此處是參與、干預的意思。政：政務，這裡專指軍隊的行政事務。

軍士惑矣：軍士，指軍隊的吏卒。惑，迷惑、困惑。

不知三軍之權而同三軍之任：不知軍隊行動的權變靈活性質，而直接干預軍隊的指揮。權，權變、機動。任，指揮、統率。

是謂亂軍引勝：亂軍，擾亂軍隊。引，失去之意。此言自亂軍隊，失去了勝機。

識眾寡之用者勝：能善於根據雙方兵力對比情況而採取正確戰法，就能取勝。眾寡，指兵力多少。

上下同欲者勝：上下同心協力的能夠獲勝。同欲，意願一致，指齊心協力。

以虞待不虞者勝：自己有準備對付沒有準備之敵則能得勝。虞，有準備。

將能而君不御者勝：將帥有才能而國君不加掣肘的，能夠獲勝。能，有才能。御，原意爲駕馭，這裡指牽制、制約。

知勝之道也：認識、把握勝利的規律。道，規律、方法。

殆：危險、失敗。

一勝一負：即勝負各半，指沒有必勝的把握。

【譯文】

孫子說，一般的戰爭指導法則是：使敵人舉國降服爲上策，而擊破敵國就略遜一籌；使敵人全軍完整地降服爲上策，而擊潰敵人的軍隊就略遜一籌；使敵人全旅完整地降服爲上策，而打垮敵人之旅就略遜一籌；使敵人完整地降服是上策，而用武力打垮他們就次一等；使敵人全伍降服是上策，用武力擊潰他們就次一等。因此，百戰百勝，並不是最高明的；不經交戰而能使敵人屈服，才算最高明。

所以，用兵的上策是用謀略戰勝敵人，其次是用外交手段挫敗敵人，再次就是直接與敵人交戰，擊敗敵人的軍隊，下策就是攻打敵人的城池。

選擇攻城的做法實出於不得已。製造攻城的大盾和四輪大車，準備攻城的器械，費時數個月才能完成；而構築用於攻城的土山，又要花費幾個月才能完工。如果主將難以克制憤怒與焦躁的情緒而強迫驅使士卒像螞蟻一樣去爬梯攻城，結果士卒損失了三分之一而城池卻未能攻克，這就是攻城帶來的災難。

善於用兵的人，使敵人屈服而不靠交戰，奪取敵人的城池而不靠強攻，毀滅敵人的國家而不靠久戰。一定要用全勝的戰略爭勝於天下，這樣既不使自己的軍隊疲憊受挫，又能取得圓滿、全面的勝利，這就是以謀略勝敵的標準。

因此，用兵的原則是，擁有十倍於敵的兵力就包圍敵人，擁有五倍於敵的兵力就進攻敵人，擁有兩倍於敵的兵力就設法分散敵人，兵力與敵方相等就要努力抗擊敵人，兵力少於敵人就要退卻，兵力弱於敵人就要避免決戰。弱小的軍隊如果一直堅守硬拼，勢必成爲強大敵人的俘虜。

將帥是國君的助手，輔助周密，國家就強盛，輔助有缺陷，國家就衰弱。

國君危害軍事行動的情況有三種：不瞭解軍隊不能前進而硬使軍隊前進，不瞭解軍隊不能後退而硬使軍隊後退，這叫做束縛軍隊。不瞭解軍隊的內部事務，而干預軍隊的行政，就會使得將士迷惑；不懂得軍事上的權宜機變，而去干涉軍隊的指揮，就會使得將士產生疑慮。軍隊既迷惑又心存疑慮，那麼諸侯列國乘機進犯的災難也就隨之降臨了。這叫自亂其軍，徒失勝機。

所以，能把握勝利的情況有五種：知道可以打或不可以打的，能夠勝利；瞭解多兵和少兵的不同用法，能夠勝利；全軍上下意願一致，能夠勝利；自己有所準備，對付沒有準備的敵手的，能夠勝利；將帥有才能而國君不加掣肘，能夠勝利。凡此五條，就是把握勝利的方法。

所以說：既瞭解敵人，又瞭解自己，可以百戰百勝；不瞭解敵人，但是瞭解自己，那麼勝敗參半；既不瞭解敵人，又不瞭解自己，那麼每次用兵都會有意想不到的危險。

【第1章】

伐謀伐交

所謂「伐謀」就是打破敵人的戰略企圖，在謀略上戰勝敵人；「伐交」就是在外交上爭取盟友、孤立和戰勝敵人。這兩者屬於政治戰略的範疇，至於伐兵和攻城則純屬軍事行動。孫子認為必須儘量爭取「不戰而勝」的最佳結局，竭力避免頓兵堅城、久攻不下、傷亡慘重的災難性後果。

三足鼎立，設計者勝

這個案例說明，面對三足鼎立之勢，必須讓制約關係達到微妙平衡，然後給自己傾向的一方加上一個砝碼，勝局便已定在你手裡。

一九八七年十月二十日，日本自民黨以「中曾根裁定」的方式，一舉結束了群雄問鼎總裁寶座之爭，巧妙地推出了竹下登政權，在日本政治史上留下了耐人尋味的一幕。

中曾根康弘擔任日本首相已近五年，在政界頗具影響。然而，中曾根並未滿足，打算由自己指定下屆總裁人選，以便對下屆政權施加最大限度的影響。

此時，自民黨的三位候選人——竹下登、安倍晉太朗和宮澤喜一，正在為爭奪下屆總裁寶座而縱橫捭闔，窮竭心計。在這次競選中，竹下和宮澤勢不兩立。而安倍既要維持「竹下、安倍聯合」以擠掉宮澤，又幻想拉住宮澤以便和竹下討價還價。因此，安倍正好處於中間支點上。

中曾根康弘爲了達到目的，決定利用竹下、安倍、宮澤三人的心理以及他們之間的微妙關係，實施「挑擔計」，即把安倍放在中心，把竹下和宮澤放在兩側，以形成「挑擔」之勢。

中曾根康弘的精明之處在於，把三位領導人安插在同等重要的位置上，使他們構成鼎足之勢，相互掣肘，形成微妙的平衡。而中曾根作爲砝碼，其重量便很容易顯示出來。

誰對首相表示忠誠，中曾根就對誰表示好感。

在與他們單獨接觸時，中曾根又透過一些不露聲色的暗示，讓三位候選人都以爲自己可能當選，於是形勢的發展按照中曾根預想的模式進行著。三人都爭先恐後地討好首相，以求首相的偏愛。

就在總裁選舉的前一天，安倍、竹下、宮澤一致同意由首相裁定人選。於是，中曾根不慌不忙地寫下早已既定好的名字——竹下登。

安倍和宮澤興致勃勃地要求中曾根裁定，但裁定的結果卻使他們挨了悶棍。正是：玩弄權術，施威定下任；推出竹下，設計誘安倍、宮澤。

這個案例說明，面對三足鼎立之勢，必須讓制約關係達到微妙平衡，然後給自己傾向的一方加上一個砝碼，勝局便已定在你手裡。

甘迺迪技高一籌

兩強相爭，智者總是技高一籌的，沒有十二分的準備，甘迺迪又豈敢輕易入虎穴？詹森的謀算最終落空了。

「水門事件」是白宮秘密竊聽的大曝光，使尼克森總統名譽掃地。其實，早在一九四〇年，白宮內部就已建立起了完善的秘密錄音系統。從羅斯福到詹森，都曾利用這套秘密錄音系統鬥智鬥勇，收集機密情報，取得政治上的優勢地位。但有時，這套系統也會使人上當。

一九六八年初，美國總統競選活動達到白熱化，老謀深算的現任總統詹森爲了粉碎躍躍欲試的參議員甘迺迪問鼎白宮的美夢，答應了甘迺迪訪問白宮的要求。詹森一面下令白宮通訊處負責秘密竊聽的工作，一面準備向這位挑戰者發難。

會晤這天，甘迺迪笑容可掬地來到會議廳，落落大方地寒暄問候。詹森也舉止從容地與之周旋。雖然甘迺迪在會談中發揮得淋漓盡致，滴水不漏，但詹森相信，一定能在會談的秘密錄音中找到破綻，進而攻其不備。

會晤結束之後，詹森急不可待地走到錄音室，想聽聽會談錄音的效果如何。但令他驚奇的是，答錄機傳出的不是雙方的談話，而是「吱吱」的怪叫聲。這個怪異情況使詹森和他的助手大惑不解，最後在觀看錄影時，才算找到了問題的癥結。

原來，在整個會談期間，甘迺迪總是隨身攜帶一個公事包，尤其是談到關鍵之處時，都要把公事包抱到胸前。由此不難得知，這個公事包裡放置了電子干擾器，對所有的錄音裝置發揮破壞作用。

就這樣，甘迺迪巧妙地衝破了詹森的「錄音防線」。

兩強相爭，智者總是技高一籌的，沒有十二分的準備，甘迺迪又豈敢輕易入虎穴？詹森的謀算最終落空了。

李淵搶先佔據關中

將欲取之，必先與之，有所捨方能有所得，先施與，然後制服，這也可以作為領導者的馭臣之方。

西元六一七年七月，李淵父子誓師於野，準備進佔關中。

當時，除了正面的隋軍之外，李淵還面臨左側東路李密的幾十萬瓦崗大軍的威脅，為了避免腹背受敵、兩面作戰的危險局面，李淵在進軍途中多次致書李密，請求雙方聯合。

本來，李密的政治目的也是入關，奪取全國最高統治權，但由於瓦崗軍兵力集中在洛陽附近與隋軍作戰，無暇顧及入關。眼看李淵要捷足先登，李密很不甘心，給李淵回信，自稱爲盟主，要求李淵親自帶兵，來河內郡會面結盟約。

李淵接到信後，毫不猶豫地決定承認李密爲盟主，先穩住他，借他的力量牽制住洛陽的隋軍，讓他們無法西顧。李密在洛陽隋軍牽制下也無法脫身，有利於李淵集中全力，搶先佔據關中。

爲了穩住李密，李淵故意低聲下氣，使李密自大驕傲。在給李密的回信中，李淵一方面大肆吹捧，尊他爲天下的救世主；另一方面，聲稱自己年老體衰，將來如能封王於唐，也就很滿足了。

同時，他又以安輯汾晉地區爲藉口，隱蔽自己搶先進入關中的眞正意圖，並婉言拒絕去河內郡會盟。

李密收到李淵的信後洋洋自得，對李淵進兵關中不再提防，只專門對付隋軍，李淵父子則率軍直入關中，爲李唐王朝的建立奠定了基礎。

將欲取之，必先與之，有所捨方能有所得，先施與，然後制服，這也可以作爲領導者的馭臣之方。

以物剋物，就能扭轉時局

懂得自然界中一物剋一物的道理，並把它巧妙地運用到生活中，往往能化被動為主動，扭轉時局。安爾西洛妮的妙計一舉兩得，可謂高明至極。

古代歷史上著名的美女、凱撒的情人克麗奧佩托拉，是西元前埃及托密勒王朝的末代女皇。她有一個叫安爾西洛妮的妹妹，對於她登上女王的寶座很不甘心，時刻想篡奪王位。

凱撒被人暗殺後，部將安東尼意欲進攻埃及。為保住王位，克麗奧佩托拉決意投降。她下令為歡迎安東尼舉行一次豪華的宴會，自己將戴上埃及王權的象徵——王冠，以最隆重的儀式接待安東尼，並準備在宴會上把王冠上鑲嵌的當時世界上最大的珍珠獻給安東尼，目的是爲了博得對方的歡心與支持，穩固自己的地位。

克麗奧佩托拉的這個計謀，很快被安爾西洛妮識破。爲了破壞女王的計劃，安爾西洛妮決定偷走王冠上的珍珠，擾亂女王討好安東尼的盤算，阻止他們和好，爲自己奪取王位鋪平道路。

於是，安爾西洛妮指使自己的女傭，秘密地去盜竊珍珠，不巧卻被女王的侍女發現。情急之下，女傭將珍珠呑入肚中。怒不可遏的侍女將女傭拉到女王面前，要求女王下令剖腹取珍珠。

克麗奧佩托拉聽了，皺起雙眉說：「被血玷污過的東西是不祥的，把這樣的東西獻給安東尼，反而有褻瀆之嫌，弄不好會惹麻煩。」

可是，不剖腹的話，怎樣才能取出珍珠呢？女王發了愁。

這時，站在一旁的安爾西洛妮早已百爪撓心，自己一旦暴露，性命難保。怎麼辦呢？抽劍剖開女傭之腹，雖可取出珍珠，同時殺人滅口，但那樣太魯莽，違背了女王的旨意，反而會引起懷疑。

焦急之中，安爾西洛妮突然想出絕妙的主意。她對克麗奧佩托拉建議：「姐姐，有個簡單而有效的方法，就是給女傭多喝點醋，如此她會瀉個不停，珍珠若在肚中，自然會瀉出來。」

女王聽了，覺得是個好主意，便讓手下人將女傭帶下去灌醋。沒過多久，女傭果然大瀉，可肚子瀉空了，還是沒見到珍珠。

克麗奧佩托拉大爲疑惑了。

「我根本沒有偷珍珠！」女傭趁機反咬一口。

侍女急得張口結舌，解釋不清。安爾西洛妮見狀暗暗笑著，離開了皇宮。

珍珠哪裡去了呢？原來，珍珠中含有碳酸鈣，浸在醋裡會自行溶解。安爾西洛妮利用這一點給女傭灌醋，一可徹底毀掉珍珠，達到破壞女王計劃的目的；二可消滅偷竊證據，保全自己，眞可謂一箭雙雕。

懂得自然界中一物剋一物的道理，並把它巧妙地運用到生活中，往往能化被動爲主動，扭轉時局。安爾西洛妮的妙計一舉兩得，可謂高明至極。

想勝利，要勇於承受壓力

在某些情況下，堅持就是勝利。不屈服於他人的意志，勇於承受壓力、指責，是成就事業最需要的心理素質。

英國前首相柴契爾夫人，靠著不屈不撓的精神及認準目標就堅定地走下去的勇氣，取得政治上的成功，被世界上公認爲無以倫比的鐵娘子。

一九八一年，柴契爾夫人執政進入第三個年頭，北愛爾蘭問題卻給英國的局勢帶來了不安。這年三月一日，曾多次進行暴力活動而被捕入獄的北愛爾蘭共和軍成員桑茲宣佈絕食，要求政府給予被關押的七百名共和軍政治犯待遇。

柴契爾夫人立即堅決拒絕了這個要求，宣佈桑茲等人殺人放火，無權享受政治犯待遇。但桑茲得到了北愛爾蘭天主教徒的熱情支援，竟當選爲英國下院議員。桑茲對外說：他將絕食到底，不成功便成仁。

這一事件立即引起了國際關注，各界說客紛至沓來，但柴契爾夫人依然不爲所動。五月五日，絕食六十六天的桑茲死去，消息傳開，英國各地暴力事件頻頻發生。國際上，愛爾蘭、美、法、希、葡、挪、澳等國也出現大規模的抗議活動，連許多政壇要人也紛紛指責柴契爾夫人。

面對國內外的強大壓力，柴契爾夫人頑強地忍受著一切指責和非難。她堅持立場，聲稱對共和軍囚犯讓步就是給他們頒發屠殺無辜的許可證，並表示那些追隨桑茲的絕食者是自願送死，當局並不干涉。

終於，一九八一年十月三日，絕食者經過七個月，在死了十名同伴之後，宣佈停止絕食，柴契爾夫人獲得了勝利。這場鬥爭姑且不論誰對誰錯，過程和結果給我們這樣的啓示：在某些情況下，堅持就是勝利。不屈服於他人的意志，勇於承受壓力、指責，是成就事業最需要的心理素質。回顧歷史，你會發現，堅持不懈，愈挫愈堅，不僅是政治家所應具有的應對心理，而且是許多成功者成功的奧秘。

晉楚城濮之戰

城濮之戰以晉勝楚敗告終，最主要原因是晉軍善於伐交、伐謀手段，使楚軍陷於孤軍作戰，最終潰不成軍。

西元前六三二年的晉楚城濮之戰，是春秋時期晉、楚兩個諸侯國爭霸中原的一次戰爭。

城濮之戰以楚國出兵攻宋，宋成公派人向晉國求救揭開序幕。晉國並不靠近宋國，遠道救宋，必須經過楚國的盟國曹、衛，形勢於晉不利。可是，晉軍制定了正確的戰略戰術，運用謀略爭取了齊、秦兩個大國的援助，取得了「伐交」、「伐謀」方面的優勢，最終擊敗了楚軍，爭得了中原霸主的地位。

城濮之戰中晉軍的勝利，不勝在實力，而勝在謀略。

西元前六三三年冬，楚成王率領楚、鄭、陳、蔡等多國軍隊進攻宋國，圍困宋都商丘；宋國的司馬公孫固到晉國告急求援。於是，晉文公和群臣商量是否出兵及如何救宋。

大夫先軫力勸晉文公出兵救宋，認為，救宋既能夠「取威定霸」，又報答了以前晉文公流亡到宋國時，宋君贈送車馬的恩惠。

但是，宋國不靠近晉國，勞師遠征救宋，必須經過楚國的盟國曹、衛；而且楚軍實力強大，正面交鋒也恐怕難以取勝。狐偃針對這一情況，建議晉文公先攻曹、衛兩國，楚國必定移兵相救，那樣宋之圍便可解除。

晉文公採納了這一建議。儘管如此，晉國真正的敵人是楚國，要對付如此強大的敵人，必須進行充分的準備。晉國按照大國的標準，擴充了軍隊，任命了一批優秀的貴族官吏出任軍隊的將領。

經過一段時間的準備，晉文公於西元前六三二年一月，出其不意地直搗衛國，先後攻佔了五鹿及衛都楚丘，佔領了整個衛地。晉軍接著又向曹國發起了攻擊，三月間，攻克了曹國都城陶丘（今山東定陶），俘虜了曹國國君曹共公。

晉軍攻佔了曹、衛兩國，但楚軍卻依然全力圍攻宋都商丘，宋國又派門尹般向晉告急求救。

晉文公開始感到左右爲難了。不出兵救宋吧，宋國國力不支，一定會降楚絕晉；出兵吧，自己沒有必勝的把握，何況直接與楚發生衝突，會背忘恩負義之名。晉文公當初流亡路過楚國時，楚成王招待他非常周到，不僅留他住了幾個月，最後還派人護送他到秦國。

這時，先軫分析了楚與秦、齊兩國的矛盾，建議由宋國出面，送一份厚禮給齊、秦兩國，由他們去請求楚國撤兵，晉國則把曹、衛的土地贈送給宋國一部分。楚國和曹、衛結盟，看到曹、衛的土地爲宋所占，必定會拒絕齊、秦的調解。這樣楚國就將觸怒齊、秦，他們就會站在晉國一邊，出兵與楚作戰。

晉文公對此計十分讚賞，馬上施行。楚國果然上當中計，拒絕了秦、齊調停。齊、秦見楚國不聽調解，大爲惱怒，便出兵助晉。齊、秦的加盟，使晉、楚雙方的力量對比發生了根本性的變化。

楚成王看到齊、秦與晉聯合，形勢不利，就令楚軍從前線撤退到楚地申，以防秦軍出武關襲擊它的後方。同時命令戍守谷邑的大夫申叔迅速撤離齊國，命令尹子玉將楚軍主力撤出宋國。

子玉對楚成王迴避晉軍很不滿意，對成王說：「你過去對晉侯那麼好，他明明知道曹、衛是楚的盟國，與楚的關係密切，卻故意去攻打它，這是看不起你。」楚成王說：「晉侯在外流亡了十九年，遇到很多困難，最後終於能夠回國取得君位。他嘗盡艱難，充分瞭解民情，這是上蒼給他的機會，我們是打不贏他的。」

但是，子玉卻驕傲自負，仍要求楚王允許他與晉軍決戰，並請求增加兵力。楚成王勉強同意了他的請求，但只派了少量兵力去增援他。於是，子玉以元帥身分向陳、蔡、許、鄭四路諸侯發出命令，相約共同起兵。他的兒子也帶了六百家兵相隨。子玉自率中軍，以陳、蔡二路兵將爲右軍，許、鄭二路兵將爲左軍，風馳雨驟，直向晉軍撲去。

晉文公見楚軍來勢兇猛，就命令晉軍後撤，避開它的鋒芒。有些將領不理解文公的意圖，問文公：「沒有交手，爲什麼就後退呢？」

文公說：「我以前在楚的時候曾對楚王說過，如果晉楚萬一發生了戰爭，我一定退避三舍。我這是遵守諾言。」

實際上，晉軍的「避退三舍」，是晉文公圖謀戰勝楚軍的重要方略。晉軍「避退三舍」（九十里）後，退到了衛國的城濮，這裡距離晉國比較近，後勤補給、供應方便，又便於齊、秦、宋各國軍隊會合。

在客觀上，「避退三舍」也能麻痺楚軍、爭取輿論同情、誘敵深入、激發晉軍士氣，將晉軍的不利因素變爲了有利因素，爲決戰勝利奠定了基礎。

西元前六三二年四月四日，晉楚兩軍決戰開始。晉軍針對楚軍中軍強大、左右翼軍薄弱的部署特點，以及楚軍統帥子玉驕傲輕敵、不諳虛實的弱點，發起了有針對性的攻擊。

晉下軍佐將胥臣把駕車的馬蒙上虎皮，出其不意地首先向楚軍中戰鬥力最差的右軍——陳、蔡軍進攻。陳、蔡軍遭到突然而奇異的進攻，驚慌失措，棄陣逃跑，楚軍的右翼就這樣迅速崩潰了。

晉軍同時也把進攻的矛頭指向楚左軍。晉上軍主將狐毛在指揮車上故意豎起兩面鑲有彩帶的大旗，非常醒目，遠遠就可望見。狐毛和許、鄭聯軍一接觸，就故意敗下陣來，逃跑時，在車的後面拖了很多樹枝，樹枝刮起的塵土，遮天蔽日。在高處觀陣的子玉以爲晉軍潰不成軍了，於是急令左翼部隊奮勇追殺。晉中軍元帥先軫等見楚軍已被誘至，便指揮中軍橫擊楚軍，接著，狐毛回軍夾擊楚左軍。楚左軍退路被切斷，陷入重圍。

子玉見左右兩翼軍都已失敗，急忙下令收兵，才保住中軍，退出戰場。城濮之戰以晉勝楚敗告終，最主要原因是晉軍善於伐交、伐謀手段，使楚軍陷於孤軍作戰，最終潰不成軍。

蒯通說降河北三十城

武臣被說得喜笑顏開，很快就佔領了整個河北。三寸不爛之舌是伐謀的主要利器，蒯通通過談判而使河北三十城降服，真不愧為一代辯士。

秦末有一個名士叫蒯通，由於聰明機辯，使陳勝的起義部隊沒經過攻戰，就得到了河北地區的三十多座城池，減少了起義部隊和平民百姓的傷亡。

原來，陳勝麾下有一名將軍叫武臣，奉命率三千義軍橫渡黃河，攻打河北地區的各個城池。武臣一踏上河北的土地，就向各地發出檄文，揭露秦王朝的殘暴。河北各地的百姓紛紛拿起刀槍棍棒，爭先恐後地去殺本地的郡縣官吏，義軍聲威大振，一連佔領了十幾個城池。

范陽令徐公得知武臣殺來，急忙整頓士卒，日夜小心提防，決心與范陽共存亡。

這一天，蒯通去見徐公，開口就說：「守令大人，蒯通爲您弔喪來了！」

徐公大怒，喝道：「我還沒死呢，你來弔什麼喪？我看你是活得不耐煩了！」

蒯通大聲說道：「你做了十多年范陽令，今天殺了張家兒子，明天又殺了李家的父親，被你砍掉手腳的更是不計其數。您的仇人太多了，過去他們沒找你報仇，是因爲懼怕秦朝的法律；現在天下大亂了，老百姓恨不得挖了你的心，割了你的肉，你難道能不死嗎？」

蒯通的話說到了徐公的心上，徐公連忙俯身作揖，向蒯通求教：「望先生指條明路，救救我吧！」

蒯通道：「除了向義軍投降，別無生路。如果您願意，我可以代您去見武臣，保證您絕處逢生。」

「就依先生，就依先生！」徐公立刻答應了。

蒯通進入武臣營中，對武臣說：「以前，將軍沒費多大力氣就得了十多個城池，這是莫大的功勞，不過，以後可就難了。」

武臣知道蒯通是范陽城中有名的辯士，便向蒯通請教「爲什麼」。蒯通不慌不忙地說：「以前，有些城池的守吏開城向您投降，您卻把他們殺了，這是大錯特錯。遠處的先不講，就說這范陽令徐公吧，他就想跟您頑抗到底，絕不投降，因爲他怕像以前那些投降的秦朝官吏一樣被您殺掉。」

一席話，說得武臣連連點頭。

「如果范陽令投降被殺，其他城池的守將勢必固守城池，抵抗到底，將軍能輕易奪取河北各城池嗎？相反的，如果您能優待范陽令，就等於給其他城池的守將吃了定心丸，他們必然會相繼投降，那麼，佔領整個河北，就不費吹灰之力了。」

武臣被說得喜笑顏開，連呼：「此計大妙！此計大妙！」

於是，他讓蒯通給范陽令送去侯印，又以一百輛車、二百匹馬作贈禮送給范陽令。范陽令投降義軍受到優待的事情一傳開，其他城池守將紛紛開城投降，迎接起義軍，武臣很快就佔領了整個河北。

三寸不爛之舌是伐謀的主要利器，蒯通通過談判而使河北三十城降服，眞不愧爲一代辯士。

諸葛亮聯吳抗魏

孫權、劉備聯合抗曹，諸葛亮的法寶仍是「伐交」。赤壁之戰以弱勝強，既是軍事鬥爭的勝利，也是外交上的傑作。

東漢末年，軍閥割據。劉備雖然後來成爲蓋世英雄，但在三顧茅廬之前，尚無立足之地。

後來，他採取諸葛亮「東聯孫吳，西和諸戎，南撫彝越，北拒曹魏」的戰略方針，其中的「東聯」、「西和」、「南撫」都是《孫子兵法》所說的伐交。正是由於伐交的成功，才造成了三國鼎立之勢。

赤壁大戰前，諸葛亮出使東吳，舌戰群儒，聯吳抗曹可說是一次伐交傑作。

當時，雄心勃勃的曹操率軍南下，勢如破竹，直達長江，下書孫權，宣稱將以百萬大軍「會獵」江東。

東吳朝野，很多人被「百萬」這個數字嚇壞了，主降之聲甚高，弄得一向有主見的孫權也惶恐不安。

正在這時，諸葛亮出使東吳，輕搖羽扇，分析說：「曹操號稱百萬大軍，其實他的老底子只不過四五十萬，並由於攻城掠地，戰線拉長，已分出許多人馬去把守；加上曹軍皆北方人，不服吳楚的氣候水土，中暑病倒者甚多，現在能直接參戰的只有一二十萬人。曹軍勞師遠征，兵困馬乏，而且要攻佔江東必須水戰，他們都是些旱鴨子，連戰船尚且坐不穩，哪裡抵得上江東諳習水性的強兵？」

諸葛亮還指出，北方的馬超、韓遂隨時可能舉兵，曹操有後顧之憂。這樣一剖析，孫權頓開茅塞，頻頻點頭稱是，終於下定聯合抗戰決心。

赤壁戰爭過後，曹操擔心孫劉聯盟羽翼豐滿後難以抑制，曾下令再次起兵攻取江東，平定荊州。

孫權、劉備得此消息又恐慌起來，準備再次聯合抗曹。諸葛亮則說：「不消動東吳之兵，也不消動荊州之兵，可以使曹操不敢正視東南。」

果然，曹軍始終未至，諸葛亮的法寶仍然是「伐交」。

原來，曹操殺了征南將軍馬騰，而馬騰之子馬超尚率領著西涼之兵。馬超和曹操有殺父之仇，孔明趁此機會以劉備名義給馬超寫了一封信，說明現在是他入關報父仇時機到了。

馬超果然起兵，一舉攻下長安，曹操見後院起火，哪還顧得上南征？

赤壁之戰以弱勝強，既是軍事鬥爭的勝利，也是外交上的傑作。

史達林識破禍水東引之計

> 國際政治極為複雜、現實，敵我陣線變幻莫測，高明的領導者必須隨時準確地把握局勢，充分利用對方之間的矛盾，及時變換策略，化不利為有利。

一九三八年，歐洲大陸風雲變幻，戰爭危機日益臨近。希特勒一面大肆叫囂消滅社會主義蘇聯，一面又加緊準備，首先向西方侵略擴張。

面對德國咄咄逼人的氣勢，英、法等國一味退讓，不做抗擊德國的準備，卻企圖誘使希特勒向東進攻蘇聯，挑動蘇、德在戰爭中兩敗俱傷，自己坐收漁翁之利。這就是臭名昭著的「禍水東引」政策。爲此，英、法卑劣地屈從德國，簽訂了《慕尼克協定》，將捷克斯洛伐克的蘇台德地區割讓給德國的，肢解了捷克斯洛伐克。

受到嚴重危脅的形勢下，蘇聯力圖採取行動，阻止和打擊希特勒的侵略行徑。爲此，蘇聯向英、法兩國提議舉行三國會議，建立軍事同盟，共同抗擊德國的戰爭計劃。英、法政府雖然參加了會議，但毫無誠意，仍想慫恿德國進攻蘇聯，使兩個潛在敵人共同消亡。

三國談判很快陷入僵局，蘇聯面臨著極爲嚴峻的環境。英、法政府一意要把德國推向侵略蘇聯的道路，蘇聯想要和英、法結盟共抗德國已無可能。然而蘇聯要與德國單獨作戰，必將付出慘重的代價。

史達林周密地分析了國際形勢，認爲儘管希特勒無比仇視蘇聯政權，但卻不敢冒險進攻。希特勒的算盤是先向西方擴張，擊敗法、英，統治整個西歐，然後再掉頭向東方進攻。面對英、法政府的險惡用心，史達林決定利用帝國主義國家之間錯綜複雜的矛盾，使蘇聯擺脫嚴重困境和危險。

恰在這時，希特勒決定實施侵略波蘭的「白色方案」，同時也害怕一旦英、法、蘇三國結盟，他將在未來戰爭中處於兩面夾擊的境況。因此，希特勒在一九三九年五月到八月間一再透過外交部長向蘇聯政府表示，德國無意入侵蘇聯，希望改善蘇、德關係，使蘇、德關係「安定化、正常化」。

到了八月二十日，希特勒已經急不可耐，因爲九月一日就是德國向波蘭動手的日子。希特勒直接電告史達林，要求蘇聯同意里賓特洛甫赴蘇會談簽約。

就在這不久以前，日本在遠東地區挑起諾門檻事件，向蘇聯發動進攻；而德、日兩個法西斯又談判結成軍事同盟，蘇聯有腹背受敵的現實危險。在種種危機下，蘇聯政府終於做了重大決策，同意里賓特洛甫前來莫斯科。

一九三九年八月二十二日，德國外長里賓特洛甫帶著希特勒親筆簽字的全權證書飛抵莫斯科，和史達林和莫洛托夫舉行會談。

八月二十三日，《蘇德互不侵犯條約》正式簽訂。條約規定：條約締結雙方保證不單獨或聯合其他國家彼此間施用武力，進行侵犯和攻擊；締約雙方之一，如與第三國交戰，另一締約國絕不支持第三國；締約國雙方絕不參加任何直接、間接反對另一締約國的國家集團。條約規定，有效期爲十年。

《蘇德互不侵犯條約》的簽訂，宣告了英、法縱容德國的禍水東引政策徹底破滅，蘇聯避免了單獨與德國作戰，反而爆發了英法與德國之間的戰爭。

《互不侵犯條約》爲蘇聯贏得了兩三個月的寶貴戰備時間，蘇聯利用這段時間迅速擴軍，加速發展東部地區的工業，加緊儲備戰爭物資，這對蘇聯贏得戰爭最後勝利具有重大意義。

《條約》簽訂還加深了德日之間的矛盾，打破了德日的反蘇反共統一戰線。德日之間早有約定共同反蘇並互相支持。正當日本在遠東地區向蘇聯發動進攻時，德國竟和蘇聯約定互不侵犯對方，這大大打擊了日本的侵蘇計劃。從此以後，兩個法西斯國家的步調從未統一過。一九四四年六月，德國進攻蘇聯，要求日本從東線配合行動，日本卻一心南進，偷襲珍珠港，對德國緊急呼籲不予理睬。

國際政治是極爲複雜、現實的，敵我陣線變幻莫測，高明的領導者必須隨時準確地把握局勢，充分利用對方之間的矛盾，及時變換策略，縱橫捭闔，化不利爲有利，化被動爲主動，才能常保不敗之地。

李嘉誠多方投資

長江集團的發展壯大，得歸功於李嘉誠非凡的投資膽略和才智。他善於捕捉時機，果斷做出投資抉擇，才使長江集團在起伏不定的香港地產業中扶搖直上。

在彈丸之地的「東方明珠」香港，地產商數以百計，其中排名榜首的是長江實業集團董事會主席李嘉誠。

李嘉誠出生於廣東潮州的一個書香門第，抗日戰爭爆發後，隨父母流浪到香港。不久，父親在饑寒交迫中病逝了。年僅十四歲的李嘉誠，爲了擔起照顧母親、撫養弟妹的重擔，開始在茫茫人海中掙扎、苦鬥。

李嘉誠從推銷員做起，由於勤勞能幹，二十歲時被任命爲工廠經理。在這期間，他爲推銷業務四處奔波，幾乎每天要工作十六個小時，下班後還堅持學習，以彌補未完的學業。

二十三歲那年，李嘉誠辭去經理職務，自己投資開設了一家專門生產玩具及家庭用品的小塑膠廠，取名爲「長江塑膠廠」。

五〇年代後半期，李嘉誠與外商做生意時，發現歐美市場興起了塑膠花熱，幾乎家家戶戶和每個辦公室，都會用塑膠製成的花朵、水果、草木作爲裝飾品。他抓住這個機遇，爭取大量海外訂單後，便迅速將產品由玩具變爲塑膠花。這個改變使得他財源滾滾而來，資產一舉突破百萬元，爲以後事業的發展奠定了堅實的基礎。

幾年之後，李嘉誠覺察到塑膠花將要滯銷，於是又轉回投資生產玩具。在塑膠花業由盛轉衰時，許多廠家紛紛倒閉，李嘉誠的玩具廠卻每年給他帶來一千多萬美元的收入。

李嘉誠憑著敏銳的商業意識，料定隨著經濟發展和人口劇增，香港的地產業前景無量，必定是賺大錢的行業，於是果斷地投資地產事業。

一九五七年，李嘉誠在工廠所在的北角地區買下一塊工業用地。

一九七六年，他爭得了香港島上預定建造地鐵站的兩塊土地。事後不久，地價大幅度上升，兩塊土地又爲長江實業公司賺得了一筆高額利潤。

一九七八年，李嘉誠買下九龍和紅地區的大片土地，大量收購九龍倉公司的股票，然後又轉賣給船王包玉剛，既獲取了高額利潤，又爲包玉剛贏得與英資怡和洋行爭奪九龍倉的勝利提供了有力支援。

一九七九年九月二十五日，李嘉誠鄭重宣佈：長江集團從滙豐銀行手上購得英資「和記黃埔公司」二十二．四％的股權，長江集團成爲香港歷史上第一家控制英資財團的華資集團。

一九八一年初，李嘉誠又擔任了和記黃埔公司董事會主席，這也是香港歷史上第一位出任英資洋行總裁的華人。此時，長江集團所擁有的樓宇面積已超過一千五百萬平方米，成爲香港地產界屈指可數的幾大集團之一。

長江集團的發展壯大，得歸功於李嘉誠非凡的投資膽略和才智。他善於捕捉時機，果斷做出投資抉擇，才使長江集團在起伏不定的香港地產業中扶搖直上。

談判時儘量滿足對方的需要

是什麼因素使詹森的這場談判得以成功？是對談判對手的充分瞭解，然後在不損害自己利益的前提下，儘量滿足對方心理上和物質上的需要。

資產雄厚的詹森熱衷於兼併其他企業，已經擁有一批不同類型的企業——旅館、實驗機構、自動洗衣店、電影院等。出於一些原因，他決心躋身於雜誌出版界。後來，透過別人介紹，他認識了一位名叫羅賓遜的雜誌發行人。

羅賓遜多年來一直發行和編輯一份不錯的雜誌，內容涉及某個趨發展的領域。這份雜誌雖然不暢銷，但由於羅賓遜自己承擔了大部分工作，成本低了許多，他的日子過得還算小康。

在專業出版界裡，羅賓遜是公認的優秀人物之一，一些大出版商都主動爭取他和那份雜誌，但都沒有結果。在最初的兩次接觸中，詹森也碰了釘子。

詹森決意要獲得那份雜誌，更確切地說，他要以羅賓遜為核心發展一套專業叢刊，但是怎樣才能達到這個目的呢？

詹森經過認真的調查和觀察，對羅賓遜有了詳細的瞭解。羅賓遜恃才傲物，一向不喜歡那些大出版社——他管它們叫「工廠」。此外，羅賓遜已經有了妻室，並開始添丁增口，做一個獨立經營者所具有的那種高度冒險的樂趣，對他已漸漸失去吸引力。在辦公室裡開夜車，特別是把時間花在毫無創造性的事務性工作上，已使他感到厭倦。而且，羅賓遜不相信局外人——那些與他的創造性領域不相干的人。他尤其不相信那些「生意人」，特別是那些毫無創造性目的的出版商。

掌握了這些情況後，詹森第三次找上羅賓遜。談判一開始，詹森就坦率承認自己對雜誌出版業務一竅不通，但是需要一個行家來主持他即將開闢的新領域——專業出版，羅賓遜正是這樣的傑出人才。

接著，詹森掏出一張二．五萬美元的支票，對羅賓遜說：「自然，在股票和長期利益方面，我們還會扯到更多的錢。但是我覺得，任何一項協定——就像我希望和你達成的這項協議，都應當有直接的、看得見的好處。」他知道，羅賓遜需要錢。然後，詹森停頓了片刻，用期待的目光盯住羅賓遜，以強調的口氣向羅賓遜介紹了他的一些同事，特別是他的業務經理，指出這些人將完全聽從羅賓遜的差遣，並將承擔羅賓遜希望擺脫的一切瑣碎雜務。

聽到此，固執的羅賓遜終於動心並鬆口了，雙方進行了進一步的商談。

羅賓遜最後終於同意把自己的雜誌轉讓給詹森，為期五年，並在此期間內為詹森做事。他得到的現款支付為四萬美元，其餘部分則為五年內不能轉讓的股票。

這樣，羅賓遜滿足了自己的需要。他可以擺脫那些較為乏味的工作，同時對創造性工作保持完全的控制；他有了發展的後盾，有了資金保障，也擺脫了苦惱。詹森則得到了一宗值錢的資產，一個難得的人才，而且付出的代價還在他本來願意支付的數額之下。

是什麼因素使詹森的這場談判得以成功？是對談判對手的充分瞭解，然後在不損害自己利益的前提下，儘量滿足對方心理上和物質上的需要。

【第2章】

小敵之堅，大敵之擒

孫子認為，用兵之法必須根據敵我雙方強弱、大小的不同，採取不同的作戰方針，這是對謀攻策略的補充，在戰術學上具有重要的參考價值。

淝水之戰以少勝多

苻堅倉皇北逃，一路上風聲鶴唳，九十萬大軍灰飛煙滅，淝水之戰是歷史上有名的以少勝多戰役，特點就在於主帥靈活用兵。

西元三七〇年，北方的前秦滅掉了前燕，此後又滅掉前涼，攻佔了東晉的襄陽等地。前秦國主苻堅認爲一統天下的時機已經到來，調徵各地人馬九十萬，向偏安南方的東晉殺來。

東晉孝武帝司馬曜連忙任命丞相謝安爲征討大都督，率兵迎擊前秦軍隊。謝安胸有城府，臨危不懼，派任謝玄爲前鋒都督，又選派謝石代理征討大都督，指揮全軍作戰。

苻堅以絕對優勢的兵力一舉攻克壽陽，隨後派降將朱序到晉營勸降。朱序在四年前與前秦作戰兵敗後投降，當時實爲迫不得已，如今回到晉營，不但不勸降，反而將前秦的兵力部署完完全全告訴了晉軍。

謝石根據朱序提供的情報，派猛將劉牢之率精兵五千人強渡洛水，偷襲洛澗的前秦軍隊，殲敵一萬五千人，晉軍士氣大振。接著，謝石、謝玄指揮晉軍推進到淝水東岸，與前秦軍夾岸對峙。

苻堅人馬衆多，後勤補給困難，一心想速戰速決：東晉軍擔心前秦的後續部隊與前軍會合，壓力會增大，也想乘勝擊敗前秦軍，於是雙方約定：秦軍稍稍後退，讓出一塊地方，讓晉軍渡過淝水，展開決戰。

苻堅的如意算盤是：待晉軍上岸立足未穩之機，以騎兵衝殺，把晉軍全殲。

決戰開始前，苻堅命令淝水前沿的前秦軍隊稍稍後撤，讓晉軍過河。開始的時候，前秦軍還有秩序地後退，但片刻之後，跑的跑、奔的奔，人人唯恐落後，陣勢立刻大亂。

早已潛伏在後軍中的朱序見狀，乘機指揮自己的部隊齊聲吶喊：「秦軍敗了！

秦軍敗了！」

前秦軍不知虛實，以爲眞的敗了，假後退頓時變成了眞潰敗，成千上萬的士兵潮水般地向後湧去。苻堅的弟弟車騎大將軍苻融見狀，連殺數名後退的士兵，企圖阻止秦軍後退，非但沒有遏止住秦軍後退，反而連人帶馬被後退的人馬撞倒，死於亂軍之中。

謝石、謝玄看在眼裡，哪肯錯失這個千載難逢的好時機，立刻指揮八千騎兵率先殺入秦軍，後面的晉軍跟著一擁而上，奮勇追殺。前秦軍兵敗如山倒，一發而不可收拾。

苻堅倉皇北逃，一路上風聲鶴唳，九十萬大軍灰飛煙滅，前秦從此一蹶不振，沒過多久就滅亡了。

淝水之戰是歷史上有名的以少勝多戰役，特點就在於主帥靈活用兵。

蔣介石西安被擒

孫銘九將蔣介石「護送」到了西安城，交給張學良。震驚中外的西安事變，實際上是張學良和楊虎城的兵諫行動，說明必要之時，兵可以擒將。

《孫子兵法》強調「出奇制勝」，因爲與競爭對手正面衝突，必然會造成自己的損傷，必須根據不同的情勢靈活運用智謀，出其不意、攻其不備，才能爲自己創造更多機會，以最小的代價獲取最大的利益。

日本關東軍大舉入侵東北後，蔣介石不許張學良的東北軍抵抗，更把東北軍調到西北，命令張學良與楊虎城率領的西北軍進攻陝北的紅軍。不過，張學良和楊虎城卻主張「停止內戰，一致抗日」。

一九三六年十二月四日，蔣介石親臨西安，坐鎮華清池，強令西北軍、東北軍進攻紅軍。

張學良和楊虎城勸說蔣介石聯共抗日，但蔣介石斷然回絕。幾天後，為紀念「一二九」運動一週年，西安一萬多學生向蔣介石請願，要求抗日，蔣介石命令張、楊以武力鎮壓學生。張學良和楊虎城忍無可忍，決定實行「兵諫」——逮捕蔣介石，逼蔣抗日。

十二月十二日凌晨三時左右，東北軍衛隊營營長孫銘九率領五十多名官兵直馳華清池。蔣介石的門衛察覺氣氛不對，開槍攔截，孫銘九將他們擊斃，開車衝開大門，闖入外院，隨後直搗蔣介石的居住之處——五間廳。蔣介石的衛隊拼死用手提機槍掃射，孫銘九則從假山後的小路直接衝入了五間廳。

蔣介石從睡夢中驚醒後誤認為是紅軍襲來，披著睡袍跳窗而出，跌倒在牆外的亂石溝中，兩名侍衛把他背到驪山山腰上，他便一頭鑽入了亂草中。

孫銘九在蔣介石的臥室中四處搜尋，發現蔣介石的公文、皮包、假牙都放在桌上，又摸摸被窩，發現尚有餘溫，於是斷定蔣介石沒有跑遠。他很快抓獲了蔣介石的侍從室主任錢大鈞，又抓獲了蔣介石的貼身侍從蔣孝鎭，最後在草叢中將蔣介石捕獲。

蔣介石哆嗦著對孫銘九說：「如果你是我的同志，現在就開槍把我打死。」孫銘九回答：「委員長，我們絕不對您開槍，我們要求您領導我們抗日！」上午九時，孫銘九將蔣介石「護送」到了西安城，交給張學良。

這一天是十二月十二日，歷史上稱之爲「西安事變」。震驚中外的西安事變，實際上是張學良和楊虎城的兵諫行動。這個案例說明，必要之時，兵可以擒將。

當機立斷，才能挽救危局

戰場上的情況千變萬化，指揮官不能死板地執行命令，必須當機立斷，根據戰場形勢決定具體戰術。

一八〇七年二月八日，拿破崙統帥的法軍和俄國總司令貝尼格森率領的俄軍激戰於埃勞。法軍集中優勢兵力攻佔了瞰制整個戰場的克勒戈夫高地，在高地上架設火炮，以猛烈火力轟擊俄軍，迫使俄軍後撤。

俄軍全線潰敗，放棄了通往俄國國土道路上的重要屏障奧克拉本。俄軍司令貝尼格森臨陣逃脫，法軍一路向奧克拉本挺進。

就在這關鍵時刻，本來在戰場右翼另一個地區作戰的俄軍炮兵主任庫泰伊索夫得知了這個情況。他沒有按常規向上級請示，待命令下達後再行事，而是在危急萬分的情形下，斷然決定抽調三個乘馬炮兵連，將三十六門火炮轉移到左翼奧克拉本方向，用霰彈猛轟法軍。

法軍沒有料到在右翼的俄國火炮部隊會那麼快出現在左翼，一時慌了手腳。不多時，法軍被迫潰退。

庫泰伊索夫的舉動一舉扭轉了戰局，俄軍趁機反攻，佔領了奧克拉本，護衛住通向俄國的道路。

一九〇四年，日本和俄國爆發了日俄戰爭。

當年八月二十四日，雙方開始在中國遼寧省進行遼陽會戰。遼陽會戰進行得極爲激烈，日軍看到參戰的俄國西伯利亞第三軍露出較大破綻，決定展開兩翼迂迴包抄。於是日本第一軍一個近衛師突然出現在俄軍左翼，準備一舉打入俄軍陣形，從中間斬斷俄軍。

俄軍沒有預料到這一點，猝不及防，形勢非常嚴峻。

先前為了增援西伯利亞第三軍，俄國派出了預備隊，預備隊中有馬爾丁諾夫上校指揮的一個團。這個團在行軍過程中獲悉日軍已從左翼逼近西伯利亞第三軍，眼見情勢緊急，馬爾丁諾夫上校沒有請示待命，立即率本團改變行軍方向，穿過大片高粱地隱蔽到日本近衛師團的翼側，然後發動衝擊，以白刃刺刀襲擊日本人，迅速打退近衛師。

西伯利亞第三軍轉危為安，形勢轉而對俄軍有利。

戰場上的情況千變萬化，這時最能考驗一個指揮官是否果斷、有智謀。指揮官不能死板地執行命令，必須當機立斷，根據戰場形勢決定具體戰術，如此才能處於主動，立於不敗之地。

艾森豪果斷發起諾曼地登陸戰

該出手時就要果斷出手，無論是守戰還是進攻，都需要靈活掌握天時、地利、人和的變化，才能下達最正確的命令。

《孫子兵法》強調：發動戰爭之時，先攻擊敵人要害之處，那樣敵人必然會隨著我方的步調起舞。兵貴神速，要乘敵軍措手不及之時發起進攻，走敵軍意料不到的道路，攻擊敵軍不加防備的地方。

諾曼地登陸戰是世界歷史上規模最大的一次兩棲作戰——英美聯軍橫渡英吉利海峽，在歐洲開闢了反法西斯戰爭的第二戰場。

為了保證登陸戰成功，聯軍總司令艾森豪投入了八千架轟炸機、一一八四艘軍艦、四百多艘登陸艇和其他艦船，以及三百萬人馬。在登陸的前一個星期，盟軍炸毀了八十二個具有戰略意義的鐵路樞紐，以阻止德國軍隊增援。

但是，艾森豪還是感到沒有必勝的把握——天氣，天氣是無法用人的意志進行改變的，惡劣的天氣將使登陸部隊失去空軍的增援，會使登陸艇在靠近海岸前沉沒，會使部隊失去充沛的戰鬥力……

一切都準備妥當，艾森豪最擔心的事還是發生了，英吉利海峽烏雲密佈、狂風驟起、巨浪濤天，已經入海的數千艘各類船隻不得不退回港灣。一連四天過去，到了六月四日，海上的情況略有好轉，早已急不可耐的蒙馬哥利將軍堅決要求：「渡過去！戰鬥！」

艾森豪也以同樣堅決的態度拒絕了：「失去空軍的增援，我們的部隊並不佔優勢，這樣的天氣，飛機是無法起飛的。」

四日晚九時三十分，氣象專家斯泰格上校給艾森豪送去一份最新的氣象報告。「天氣出現轉機。」斯泰格說：「正在下著的傾盆大雨將在三小時內停止，然後會有三十六小時的好轉天氣，風力中等。」

「可以派出戰鬥機。」情報處長馬婁里評論道：「但使用中型和重型轟炸機很危險。」

「不！可以派出大批戰鬥轟炸機。」艾森豪糾正馬婁里的話。

但是，此時窗外暴雨傾盆。空軍司令懷特不安地望著窗外的雨柱，提醒艾森豪：「將軍，我不得不提醒您，這是很危險的。」

艾森豪背著手，低著頭，在指軍部裡踱過來，又踱過去。

到了九時四十五分，艾森豪在作戰地圖面前停了下來，冷靜地說：「我確信，是該下達命令的時候了。好，讓我們幹！」

艾森豪以斬釘截鐵的語氣向海、陸、空三軍下達橫渡英吉利海峽的作戰命令。

艾森豪對成功和失敗都做了準備，用筆寫下了幾行字：「我決定在此時此地發起進攻，這是根據最好的情報做出的……如果世人譴責此次行動或追究責任，應由我一人承擔。」

登陸行動極其成功，第一天，聯軍的十五萬六千名士兵順利地踏上了諾曼第，更多的部隊緊隨其後。

倘若艾森豪推遲了登陸作戰的時間，會如何呢？

其後的十多天，是「二十年來最壞的天氣」，氣象專家斯泰格在一場狂烈的暴風雨襲擊諾曼第沿岸並摧毀了一座人工港灣後，給艾森豪寫了一封信。

艾森豪看後，當即給斯泰格寫了回信：「謝謝，感謝戰爭之神，我們在該出發時出發了。」

該出手時就要果斷出手，無論是守戰還是進攻，都需要靈活掌握天時、地利、人和的變化，才能下達最正確的命令。

要講究速度，也要講究品質

服裝廠成功地叩開了國際服裝市場的大門，但廠長深知這只是個起步，給自己立下了一個目標：「全面提升產品品質！」

某年春節，一家服裝廠獲悉一家美國客戶要訂製一萬六千件西服的訊息，下定決心要把這筆生意搶到手裡。

美國客戶說得很乾脆：「三天內拿出西服樣品，我滿意了，就讓你們承製！」

服裝廠連年虧損，廠長認爲這是一次千載難逢的好時機，關係到服裝廠的存亡，於是連夜把工人們召集到廠裡，懇請工人們抓住這個難得的機會，以最快的速度，以最優的品質，求生存、求發展！

三天後，美國客戶準時來到服裝廠，順著生產線，檢查一道一道工序，然後又進入樣品室，撕開成品服裝做破壞性試驗，最後，連說ＯＫ，把一萬六千件西服的訂單全部交給了該廠。

服裝廠成功地叩開了國際服裝市場的大門，但廠長深知這只是個起步，給自己立下了一個目標：「全面提升產品品質！」

爲了實現這個目標，廠長重金聘請頂尖的專家和技術人員對工廠職工進行全員培訓，並在工廠推行全面品質管控。

不久，服裝廠接到了一家外商試製絲綢女夾克衫的任務。這種女夾克衫款式奇特，品質要求很高，外商公司同時安排了六家服裝廠試製。外商逐廠驗收，經過最嚴格和最挑剔的檢查之後拍板決定，由該服裝廠接下這筆訂單。

時至今日，該服裝廠產品遠銷美國、日本等七個國家，在美、日等國的超級市場中佔有一席之地。

遠交近攻，各個擊破

遠交近攻是一種軍事策略，也是一門「關門打狗」藝術。遠方的結交之，近處的打擊之，由近及遠，最後各個擊破。

兵法講藝術，軍事講策略，秦始皇能夠統一六國，有賴於范雎提出的「遠交近攻」這項國策。遠交近攻這種軍事策略，目的是要分化、瓦解敵方的聯盟，然後各個擊破，從而戰勝所有敵人。

如何分化瓦解敵人的聯盟呢？結交距離自己遠的國家，而先進攻與自己相鄰的國家，之後再一個一個加以吞食。不能捨近求遠地去進攻與自己相距很遠的國家，一個方面是因為受到地理環境的限制，攻打遠國很難成功；另一方是攻打遠國，近處的國家必然會產生抵抗情緒。

爲什麼在近攻的同時要遠交呢？因爲不能樹敵太多，樹敵太多，就可能讓敵對一方結盟，一旦結盟，就難於對付了。

這是一種軍事策略，同時也是一種外交謀略。當然，平時國家和國家之間要保持友好的關係，特別是對於近鄰各國，這樣有利於彼此的和平與穩定，有利於國家經濟、文化的發展。但是，如果有國家與自己對抗，那就有必要採取遠交近攻的策略。因爲受到地緣政治的影響，距離較遠的國家之間往往沒有直接的利害衝突，容易在各個方面互相支持。特別是在與近國處於戰爭狀態的時候，就更要採取遠交近攻的謀略。

秦昭王就是拜范睢爲客卿，並推動范睢交近攻的策略，奪取了鄰國的大片土地，爲後來秦始皇統一中國奠定了堅實的基礎。

秦昭王在位長達五十六年之久，是秦國歷史上一位頗有建樹的君主，爲秦國的富強和統一做出了突出貢獻。他之所以功勳卓著，一個重要原因就在於他採用了范睢的「遠交近攻」政策。

對於秦國來說，「遠交近攻」是當時的最佳謀略，不僅有效地分化了連橫之盟，並且逐個擊破，有利於統一中國之大業。

遠交近攻的所謂「遠交」並不是永久和好，而只是一種權宜之計。一旦近攻得逞了，遠交的對象也就變成近攻的物件了。

秦國兼併山東六國的戰爭，事實上從秦昭王時期已經開始，秦昭王時期兼併山東六國領土的如下記錄：

西元前三一八年，魏、趙、韓、楚、燕五國合縱攻秦，不勝而回。這個事實說明，兼併山東六國已成為秦國的戰略目標。

西元前三〇〇年，秦兵大敗楚軍，殺楚將景缺，攻取楚國的襄城。

西元前二九三年，秦將白起大勝韓、魏聯軍於伊闕，斬首二十四萬。

西元前二九〇年，魏、韓因兵敗於秦，分別把河東地方四百里和武遂地方二百里獻給秦國。

西元前二七八年，秦將白起攻陷楚都鄢郢，建立南郡。

西元前二七三年，秦將白起大敗趙軍於長平，坑殺降卒四十萬。

西元前二五六年，秦滅西周君，同年，周赧王卒，名義上的周天子不復存在。碩果累累，正是採取「遠交近攻」、各個擊破的結果。另外，秦始皇「集權於一身」，也是范雎向秦昭王提出的強國政策之一。大權在握，不能輕易地交給他人或幾個人使用，范雎強調權力分散，國君必亡，國家必滅。

秦昭王把范雎的「遠交近攻」定為一項統一戰略，到秦始皇時仍繼續貫徹執行。秦王政利用李斯為相，尉繚為國尉，姚賈、頓弱奉命離間六國。這樣內外夾擊，六國就像一張薄紙，一捅就破。

遠交近攻是一種軍事策略，也是一門「關門打狗」藝術。遠方的結交之，近處的打擊之，由近及遠，最後各個擊破。

連橫破縱分拆六國

秦國最怕的是六國合縱，「遠交近攻」和「連橫術」是一脈相承的，為秦國統一天下奠定了基礎，猶如直刺六國的兩柄利劍。

戰國時代，風起雲湧，社會動盪。「百家爭鳴，百花齊放」，諸子士人紛紛著書立說，到處奔走，宣揚自己的學說。尤其是縱橫家們，憑藉一張三寸不爛之舌，遊說各國，宣揚自己的學說和觀點，以求用於社會，顯名於社會。其中最著名的要算蘇秦和張儀了。

縱橫術，簡單地說，就是戰國的合縱、連橫之術，或者說是當時辯士的辯論遊說之術。蘇秦以一介書生而說服各國君王，身佩六國相印，硬是抗住強秦。

六國都加入了合縱行列，蘇秦擔任縱約長。他北返趙國向趙王報告遊說的結果，趙肅侯封他爲武安君。

秦國受六國合縱的制約，兵不敢出函谷關，深以爲苦。針對這種情況，張儀一見秦惠文王就以連橫之計說之。

「由於秦國的失策，六國合縱才能得逞。現在以秦國的實力，完全可兼併諸侯。大王聽我的話，如果合縱不破，趙國不亡，韓國不滅，楚魏不服，齊燕不親，霸業不成，大王可以殺我，以懲戒那些不爲主盡忠的人。」

張儀的分析十分到位，秦惠文王很高興，欣然同意張儀的計謀，任張儀爲客卿，謀伐諸侯。至此，蘇秦的合縱戰略被張儀的連橫之術徹底破壞。

蘇秦以一介書生出奇謀異策，四處遊說，組成合縱聯盟，竟讓秦國不敢窺視函谷關以外十五年，使合縱國得享安寧，蘇秦自身也榮耀天下，名振四海。但事物總處在變化之中，有合便有分，有縱便出橫，蘇秦以後便有了同窗張儀設計破除山東諸侯的聯盟。最後，張儀的連橫獲得勝利，歷史潮流不可逆轉。

實質上，六國合縱抗秦，不僅是六國的唯一出路，從理論上說也是對的。「六國之地五倍於秦，兵卒十倍於秦」，如果六國能始終堅持，秦國將被打敗。

事實上，合縱策略也曾取得成功，除蘇秦組織合縱使秦不敢出函谷關有十五年之久外，西元前二九八年，齊、韓、魏三國聯合擊秦，攻入函谷關，奪回被秦侵佔的魏、韓的一些土地，齊成爲山東各國盟主。西元前二四七年，魏公子信陵君率山東五國之兵，反擊秦國侵犯魏國，大破秦軍，一直追到函谷關，秦兵不敢出戰。可是，由於各國各懷鬼胎，爲了保存實力，都不願打先鋒紛紛向秦國屈服，六國合縱便瓦解了。

在戰國時期，合縱反反覆覆，六國時合時散。秦國最怕的也是六國合縱，直到戰國末年，秦始皇也一直採取連橫政策以瓦解合縱。秦始皇在尉繚、頓弱、姚賈的出謀劃策下，巧設連橫，離間各國，使得各國再也沒有能耐組成合縱聯盟。所以，六國破滅，實是歷史必然。

「遠交近攻」和「連橫術」是一脈相承的，爲秦國統一天下奠定了基礎，猶如直刺六國的兩柄利劍。

新石油大亨邦尼的崛起

邦尼成功地收購了菲納斯石油公司，成了美國最大的石油大亨。靈活運用商機，該收購時收購，該賣出時賣出，這正是邦尼成功的秘訣。

一九六二年，美國石油界的後起之秀邦尼在德克薩斯州發現了一處油田，賺得了七十五萬美元。

邦尼用這筆錢還清了累累債務後，還有一筆小小的盈餘。於是，邦尼掛出了「麥沙石油公司」的牌子，並上市集資，發行新股。

邦尼很走運，新公司成立的第一年就取得純利潤四十三萬美元。邦尼一面繼續發行新股，一面展開了收購行動。一九六四年，邦尼不失時機地收購了陷入窘地的吉爾遜石油公司。

一九六九年，邦尼看好了德州的赫高頓石油公司，便用自己公司發行的新股去交換赫高頓股票，同時向交換者提供最優惠的條件：在以後的五年內可以隨時認購麥沙石油公司的股票。

結果，邦尼沒有動用一點資本就成功地收購了赫高頓石油公司，令華爾街的金融界驚歎不已。但是，這還不是邦尼的最得意之作。

一九七三年，阿拉伯世界開始對西方國家實施石油禁運，由此引發了全球石油危機，石油價格每桶從三美元飆漲，到了一九八一年，直逼四十美元。麥沙石油公司迅速發展，資產總額突破了二十億美元。與此同時，邦尼虎視眈眈地注視著他的同行們，隨時準備向他們發出致命的一擊。

機會來了，一九八一年之後，石油價格由每桶四十美元暴跌至十五美元，擁有四萬職工、在美國排名第六的海灣石油公司不堪承受這一打擊，內部一片混亂。邦尼立刻採取行動，僅用半年就收購了四千萬股海灣石油公司股票，成交價爲一三二億美元。

一九八四年六月，邦尼與海灣公司達成協定，以八十美元一股的價格收購了海灣石油公司。

邦尼在這場交易中，至少獲利七十億美元！

不久，邦尼又成功地收購了菲納斯石油公司——值得玩味的是，早年邦尼步入社會，就是在這家公司裡做一名微不足道的小職員。

至此，邦尼成了美國最大的石油大亨。

靈活運用商機，該收購時收購，該賣出時賣出，這正是邦尼成功的秘訣。

將帥的素質對戰爭結局有著相當重要的影響。孫子認為，要在戰爭中取得全勝，必須具備兩個重要條件：一是明君，二是賢將。統兵將領是輔助國家的骨幹，能力的高低對於戰爭結果和國家命運有著重大的影響。

【第3章】將者，國之輔也

宗澤指揮若定守住汴京

宗澤一面擊鼓助威，一面向早已埋伏在金軍後翼的宋軍發出出擊信號。金軍遭到前後夾擊，頓時大亂，拋下大量輜重和沿途掠奪來的財物，落荒向北逃去。

《孫子兵法》強調：詭詐是競爭的基本原則。如果敵人貪利，那就用利引誘他；如果敵營混亂，那就要乘機攻破他；如果敵人力量充實，那就要加倍防範他；如果敵人兵力強大，那就設法避開他。

北宋靖康元年，金軍攻克宋都城汴京（今河南開封），將徽、欽二帝俘虜而去。第二年宋高宗趙構即位，史稱南宋。

趙構起用主戰派將領，收復了汴京，並任命將軍宗澤爲汴京留守。這一年的十月，金軍再次南下，趙構倉皇逃至揚州，將汴京城留給了宗澤。

金軍迅速佔領秦州（今甘肅天水）至青州（今山東北部）一線的許多重鎮後，兵臨汴京城下。但見城頭旌旗獵獵，城內卻毫無戰爭的景象，大街小巷人來人往，一派安詳。金軍統帥疑心頓起，認爲城內有詐，下令暫緩攻城。

原來，金軍逼近汴京的消息傳至汴京後，汴京上下人心惶惶，宗澤的僚屬們也沉不住氣了，但又不見宗澤的身影，只好相約去宗澤府邸探察虛實。不料，入府一看，宗澤正在跟一位客人下圍棋，彷彿壓根不知道金人打來一樣。眾人大惑不解，連連向宗澤報警。

宗澤笑道：「我們收復汴京後，招募了眾多抗金義士，在汴京城外修築了二十四座堡壘，沿護城河構築了堅固的堡壘群，還製造了一兩百輛決勝戰車，足可與金軍決一死戰。眼下敵軍來勢洶洶，兵力上又遠遠超過我們，我們應該避其銳氣，以計謀來迷惑敵人，然後伺機擊退他們。敵我尚未短兵相接，諸位就這樣慌亂，士兵和百姓們會怎樣想呢？」

衆僚屬被宗澤説得面紅耳赤。

按照宗澤的佈置，僚屬們一個個領命而去，於是金軍在列陣於汴京城外時，看到了上述反常現象。

金軍按兵不動，派出間諜四處偵察，但不待他們把情況摸清楚，到了第三天，駐紮在城外的一支宋軍在統制官劉衍率領下，擂響戰鼓，衝入了金營。金軍沒想到宋軍竟敢首先發動進攻，急忙上馬迎戰。

這時，城樓上的宗澤一面擊鼓助威，一面向早已埋伏在金軍後翼的宋軍發出出擊信號。金軍遭到前後夾擊，頓時大亂，拋下大量輜重和沿途掠奪來的財物，落荒向北逃去。

自此以後，金軍在很長一段時間裡，不敢再犯汴京。

拿破崙錯用格魯希慘遭滑鐵盧

拿破崙之所以失敗，其中一個原因就是拿破崙錯用了格魯希。忽視了格魯希只是一個沒有魄力、不知權變、缺乏主見的將領。

一八一五年六月，拿破崙和歐洲反法同盟的英國元帥威靈頓在比利時滑鐵盧展開了一場決戰，史稱此役是「改變歐洲命運」的決戰。

拿破崙準備進行這場大戰時，十分清楚地意識到，這場決戰勝敗的關鍵不在戰場上的對手威靈頓，而在於如果不能阻止布呂歇爾率領的普軍與英軍會合，法軍必敗。因此，拿破崙決定派最忠實的部下格魯希元帥率領一支部隊去追擊布呂歇爾，阻止他與威靈頓會合。

六月十八日，滑鐵盧戰役打響，拿破崙和威靈頓展開了殊死搏鬥。隨著法軍向英軍陣地一次又一次衝鋒，拿破崙越來越感到自己的處境十分不妙，曾派人緊急送去一道命令給格魯希，要他不惜一切代價與自己靠近，並阻止布呂歇爾與威靈頓會合。但是，當擺脫格魯希追擊的布呂歇爾與威靈頓會合，並和拿破崙最後一搏之時，格魯希最終還是沒有趕來救助他的皇帝。

正當拿破崙和威靈頓決戰時，格魯希正率軍漫無目標地尋找布呂歇爾的普軍。他的軍隊離主戰場僅三小時路程，遠方隆隆的大炮聲也曾引起他的注意，副司令熱拉爾和一大批軍官急切請求他立即率軍向炮聲傳來的方向前進，去幫助拿破崙進攻敵人。

可在這節骨眼上，格魯希卻怕擅自改動命令會遭皇帝的斥責。於是，他對部下說，在接到皇帝停止追擊普軍的命令之前，他絕不偏離自己的責任。後來，種種跡象顯示普軍已擺脫了追擊，正與英軍會合，副司令熱拉爾再次懇請格魯希採取靈活機動的方式，至少讓自己帶領一部分軍隊去支援拿破崙。格魯希僅考慮了一秒鐘，就堅定地拒絕了改變任務的做法。

後來的歷史學家稱這是決定拿破崙命運的「一秒鐘」。正當拿破崙在不遠處遭到普軍和英軍狠命打擊時，格魯希還忠實地執行皇帝的命令，在沒有敵人的曠野中到處遊蕩。

終於，一名法軍把拿破崙要求增援的命令送到了。可是，一切都晚了，滑鐵盧之役以拿破崙慘敗落下帷幕。

拿破崙之所以失敗，其中一個原因就是拿破崙錯用了格魯希。

拿破崙在制定打敗威靈頓的計劃時，想到的是需要一個忠心不二、能夠堅定執行計劃的人，因此選中格魯希，把他按排到一個需要獨立指揮、勇敢果斷的重要崗位上。然而，拿破崙卻忽視了格魯希只是一個沒有魄力、不知權變、缺乏主見的將領，在這樣的位置上是極不合適的。

結果，到了關鍵時刻，格魯希對拿破崙忠實可靠、唯命是從的優點卻成了導致拿破崙遭致慘敗的缺點，這是拿破崙所始料不及的。

周文王訪賢

周文王請到姜子牙後，立即拜為軍師，一面整頓內政，一面對周圍的小國恩威並施，為進軍商都朝歌掃清了障礙。

商朝的末代領導者紂王，是個荒淫無道的帝王。周文王姬昌看到紂王昏庸腐敗，決心討伐商朝，取而代之。

爲此，他一方面親自率領老百姓在田間耕作，努力發展農業生產，一方面廣泛訪求各方面的人才。當時，許多有名的賢人，都被他招納來了，連商朝的一些文臣武將也紛紛投奔他。但周文王認爲還缺少一位既有雄才大略，又善於運籌帷幄的軍事統帥，便經常外出訪求。

有一天，他又到民間訪賢。在渭水河邊，他看見一個鶴髮童顏、目光炯炯的老漁翁，坐在一塊大石頭上釣魚，任憑馬嘶人叫，絲毫不受驚擾。

周文王跳下車來，走到老漁翁面前，誠懇地和他攀談起來，並向他請教對天下大勢的看法。老漁翁從容不迫，口若懸河，從政治到軍事，見解精闢，分析透徹。周文王喜出望外，把這位老漁翁請回，尊稱爲「太公望」。

傳說「太公望」姓姜，名尚，字子牙。他的祖先是東方的貴族，到他這一輩已經沒落了，窮得吃了上頓沒下頓。但他勤學好問，到處借書抄書，刻苦攻讀，特別是對於軍事學，鑽研得更加精深，造詣很深。然而在暗無天日的商朝，他報效無門，直到七八十歲，仍不爲人知。

後來，他聽說周文王訪求人才，準備伐商，就從東方來到渭水之濱，並在周文王常打獵的地方釣魚，一心等待周文王的來臨。

他一連釣了三天，竟沒有一條魚上鉤。有個農民對他說：「要把釣線換成細一點、長一點的，魚餌換成香一點兒，下鉤時手腳再輕一點兒，耐住性，沉住氣，這樣魚就上鉤了。」

姜子牙照辦了，很快釣住了大魚，還從中悟出了一個道理：和釣魚一樣，要想推翻商朝的殘暴統治，就要力戒急躁情緒，一切要從長計議，暗中做好準備。

周文王請到姜子牙後，立即拜爲軍師，一面整頓內政，鼓勵生產，訓練兵馬，一面對周圍的小國恩威並施，使芮、虞等一些小國歸附，同時也征服了西邊的犬戎和密須，爲大軍東進解除了後顧之憂。

隨後，周國便東渡黃河，呑併了邘、黎、崇等商朝的附屬國，爲進軍商都朝歌（今河南淇縣）掃清了障礙。

正當周國準備向朝歌挺進時，周文王不幸病逝。姜子牙繼續輔佐他的兒子周武王，統率大軍，在離朝歌七十里的牧野，與商軍進行決戰。紂王大敗後在鹿台自焚身亡，從此周朝取代了商朝。周武王封姜子牙爲齊侯，姜子牙就成了春秋戰國時期齊國的始祖。

范雎的遠交近攻謀略

秦昭王採用范雎「遠交近攻」的策略，使秦國的領土不斷擴大，又採納范雎的計策廢掉了宣太后，把穰侯、高陵君、華陽君、涇陽君逐出函谷關外。

范雎，戰國時期魏國人，原本是大夫須賈的門客。

某一年，魏昭王派須賈出使齊國，范雎隨同前往。齊襄王召見須賈，向他提出一些問題，須賈答不出來，范雎站出來答覆，答得有理有據，令齊襄王深爲嘆服。於是，他派人勸范雎留在齊國。

范雎說：「臣與使者同出，而不同歸，這是不信不義，今後何以爲人？」

使者把此事報告齊襄王，齊襄王更加喜愛范雎，派人賜給他黃金及牛和酒，范睢沒有接受。

不料，這件事被須賈知道了，認爲范睢把魏國的秘密告訴了齊國，回國後，便把這事報告魏國的相國魏齊。

魏齊不問青紅皂白，令人打了范睢一百竹板，打斷了他的肋骨和牙齒，並讓人把范睢用竹席捲上抬入廁所，他們則在屋中縱酒尋歡，還輪流往范睢身上撒尿。范睢佯裝死去，待天色漸晚，只有一個小卒看守他時，便從竹席中對小卒說：「只要您把我放出去，我家中還有黃金數百兩，都送給您。」

小卒見有利可圖，便向魏齊報告：「廁間死人已經腥臭了，應該扔出去。」魏齊因爲喝醉了酒，於是令小卒把范睢扔掉。

范睢逃回家後，對家人說：「魏齊恨我，酒醒之後必定派人來家裡找我，我得趕快逃走。」

魏齊酒醒後果然派人來尋找范睢，但范睢已在好友鄭安平幫助下隱匿起來，從此改名更姓叫張祿。

半年後，秦國使者王稽來到魏國。鄭安平把范睢推薦給王稽，王稽和范睢一交談，覺得此人非比尋常，於是辦完公事之後，悄悄用車把范睢帶入秦國。

行至秦國的湖關，范睢遠遠望見一隊人馬迎面而來，一問王稽，方知是穰侯魏冉。范睢知道穰侯乃秦太后之弟，一向仗勢專橫，便說：「我聽說穰侯嫉妒能人，我還是躲一躲吧。」於是，在車上的箱子裡藏了起來。

一會，穰侯到了，斜眼看了看王稽的車子，問道：「你沒帶外國人回來吧？這些人專門說好聽的話，其實完全沒用處。」

王稽說：「我可不敢帶什麼人回來。」

穰侯點點頭就離去了。

待穰侯的人馬去遠，范睢從箱子裡鑽出來，對王稽說：「穰侯遇事不敏感，見識淺短，方才他懷疑車裡有人，卻忘記了搜查，一會兒必然派人回來搜查，我還是躲開吧。」

於是，范睢下車，離開車隊步行。走了十多里，魏冉果然派人騎馬回來搜車子，沒搜到什麼才離去。

范睢到達秦國，雖然有王稽推薦，但秦昭王並沒接見他。范睢深居簡出，閉門讀書，研究天下大事與諸侯紛爭形勢，堅信秦王總有一天會接見他、重用他。

秦昭王三十六年，秦國對楚國、齊國大舉進攻，取得了一些勝利。但在國內，穰侯、華陽君以及昭王的弟弟涇陽君、高陵君都仰仗宣太后，權勢日益增大，私家財富比王室還多。

范睢深爲秦國的形勢憂慮，遂懇切陳詞，上書昭王。

秦昭王看到了范睢上書，很受感動，於是派專車去請范睢，君臣相見後，談得甚爲投機。

范睢對秦王說：「大王的國家，四面都有天險作爲屏障，進可以攻，退可以守，這是成就王業的土地。民衆爲國家打仗很勇敢，這是成就王業的百姓。可是，秦國到現在卻閉關自守十五年，大王的計策有失誤的地方。」

秦昭王誠懇地說：「寡人希望聽您說說計策失誤的地方。」

范睢侃侃而談：「穰侯越過韓、魏而進攻齊國，這不是好計策，少出兵不足以傷害齊國，多出兵卻對秦國有害。」他向秦王獻計說：「大王不如採取結交遠方國家而攻取就近國家的策略，得到一寸土地就佔有一寸土地，得到一尺土地就佔有一尺土地……」

一席話，說得秦昭王口服心服，封范雎爲客卿，採用范雎「遠交近攻」的策略，使秦國的領土不斷擴大。幾年後，秦王又採納范雎的計策廢掉了宣太后，把穰侯、高陵君、華陽君、涇陽君逐出函谷關外，奪回了他們手中的權力，范雎也被任命爲秦國的相國。

艾科卡使克萊斯勒起死回生

良將，不只是管理能力強的將軍，應該是集管理、治理、用人、拓展等等於一體的人物，艾科卡的成功正是良將的體現。

李．艾科卡，出生於美國賓夕法尼亞州艾倫敦，父親是義大利移民，早年受父親影響，認為能通過冒險獲得成功的道路就是經商。他在大學是學工科的，剛進入福特公司時，被分配當見習工程師，但他希望從事推銷工作，喜歡和人打交道。

他認為銷售工作是汽車業的關鍵部門，是企業的精華。一九五三年，艾科卡被提升為費城地區的銷售副經理。不久，他大膽提出了「給五六年新車付五十六美元」的銷售計劃，即客戶購買一九五六年福特公司的新車，可先付八〇%的款，然後每月付五十六美元，三年還清。這種銷售方式幾乎人人都能接受，因而極大地刺激了市場需求。不到三個月，費城地區銷售量從全國的末位一躍爲首位。後來，這項計劃成爲福特公司全國性銷售策略的重要組成部分。作爲獎賞，艾科卡被提升爲華盛頓地區的銷售經理。

一九六〇年，年輕有爲的艾科卡擔任福特汽車公司轎車部經理。接著，他便開始了式樣好、性能強、價格低的「野馬」轎車的生產和銷售。結果，這一仗大獲全勝，一九七〇年，艾科卡榮升爲福特公司的總裁。在他就任總裁的八年裡，爲福特公司淨掙了三十五億美元的利潤，在該公司的歷史上留下了最輝煌的業績。

但是，成功招致了嫉妒。

一九七八年七月，福特二世解除了艾科卡的總裁職務，同時答應將三十六萬美元的年薪，變成一百萬美元的退休金，條件是——不能受聘於其他公司。

艾科卡不爲一百萬美元動心，更不願向命運屈服。國際造紙公司等多家公司聘請他，他都謝絕了；紐約大學商業學院等三、四所學校聘請他擔任院長，他也謝絕了。而當深陷危機、瀕臨破產的克萊斯勒汽車公司董事長前來聘請時，他卻欣然接受，並立刻走馬上任。

在他看來，這是向福特公司挑戰的機會。並且，他上任後宣稱：公司起死回生之前，自己的年薪爲一美元。

從此，艾科卡開始了「通往頂峰之路」的艱難跋涉，並由此展現了他扭轉乾坤的非凡謀略。

艾科卡臨危受命，大刀闊斧推行改革，終於在幾年內使公司絕處逢生，呈現一派欣欣向榮的景象。一九八〇年克萊斯勒公司扭虧爲盈，一九八二年盈利十一．七億美元，還清了十三億美元的短期債務；一九八三年盈利九億美元，提前七年償還了十五億政府貸款保證金，發行股票二千六百萬股，僅數小時就被搶購一空；一九八四年盈利二十四億美元。

良將，不只是管理能力強的將軍，應該是集管理、治理、用人、拓展等等於一體的人物，艾科卡的成功正是良將的體現。

隨緣善變尋求外援

穩定了當時的國內經濟形勢，對抗日起到了積極作用，陳光甫能「隨緣善變」，為抗日出力，為國為家，算是一種急國家之急的相將之才。

民國時期，官僚資本左右著經濟命脈。對此，大資本家陳光甫極爲不滿，但他權衡利弊，還是採取了「隨緣善變」的策略，投靠了官僚資本，由過去的「敬遠官僚」變爲逐漸走進了官場。

實際上，在此之前，陳光甫已成爲貨眞價實的官商。在抗戰期間，國民黨政府實行戰時體制，在軍事委員會下面設立工礦、貿易、農產三個調整委員會，陳光甫被任爲貿易調整委員會主任委員，軍銜爲「同中將」。

爲了保密，陳光甫化名爲「陳秉綬」。

貿委會下轄中國茶葉公司、富華貿易公司和復光貿易公司。

一九三八年秋，全面抗戰已一年多，中國財政形勢隨軍事失利、法幣貶值、外匯枯竭而漸趨嚴峻，對外援的需求日趨迫切。

美國財政部長摩根韜到巴黎訪問，中國駐法大使顧維鈞向他探詢有無向中國貸款的可能性。

美國財政部長答覆是：「目前唯一的機會是，如果中國政府能請陳光甫先生蒞美，或可促成農產品貸款的實現。」

緊接著，美財部駐華代表勃克正式通知重慶，希望派陳光甫赴美磋商財政事宜。於是，重擔又再一次落到陳光甫的肩上。

幾經談判，最後陳光甫與美國人商定：由中方在美國成立一家商業性公司，由這個公司出面，向美國進出口銀行訂約借款二五〇〇萬美元。

還款的辦法，是在中國另組一專業公司，負責在五年內收購桐油二十二萬噸，運交美國公司在美銷售，以所得款項的半數分五年還清貸款，另半數供中方在美採購物資之用。貸款清償後，可按此辦法循環使用。

根據協定成立的公司，在紐約的叫世界貿易公司，在中國的叫復興貿易公司，兩公司的董事長都由陳光甫擔任。

由於陳光甫和兩公司的努力，協定執行得非常順利，貸款本息提前二年還清，同時也爲國家採購了大批戰時需要的物資。

陳光甫在美聲望由此大爲提高，美國商務部長鐘斯爲此打電報給孔祥熙，盛讚陳光甫的才能，美國輿論也一致給予好評。

一年以後，陳光甫又以相同的辦法，代表中國政府和美國進出口銀行達成用雲南錫塊爲擔保借款二千萬美元的協定。作爲擔保品的滇錫，總數爲七萬噸，分七年運美清償債款。

一九四一年四月，爲了平抑物價，穩定法幣幣值，美英分別貸款給中國五千萬美元和五百萬英鎊，作爲平衡外匯的基金，並成立中美英平準外匯基金委員會，陳光甫出任主席。

陳光甫在抗戰期間，還身兼財政部高級顧問和國民黨參政員等多項重要職務。

戰時，上海銀行在大後方的存放款業務一落千丈，遠不如前。但陳光甫利用任職官場之便，透過上海銀行的附屬企業大業貿易公司從事商業投機經營，購運出口物資、囤積進口物資等活動，盈利還是頗為可觀的。

戰前，上海銀行的國際匯兌總額雖然很大，但利息支出負擔也很沉重，放款又多僵滯，因而無力積累外匯。一九四二年，國民黨政府發行「美金勝利公債」，陳光甫在購者寥寥無幾之時，瞭解到它有美金作保的底細，即令上海銀行和大業貿易公司大批購進。不久，公債停售，債券市價即刻上升數倍。經過這些外匯投機，上海銀行的外匯額急劇上增，一九四五年已達七百萬元，穩定了當時的國內經濟形勢，對抗日起到了積極作用。

陳光甫能「隨緣善變」，為抗日出力，為國為家，算是一種急國家之急的相將之才。

【第4章】

知彼知己，百戰不殆

孫子提出了「知彼知己，百戰不殆」的著名論斷，揭示了戰爭的不變規律，至今仍是顛撲不破的真理。所謂「知己知彼，百戰不殆」，就是要瞭解自己和對方的情況，然後定下戰爭的策略，才能百戰百勝。戰爭最講究「天時、地利、人和」，如果注意這些因素，那麼就有很大的取勝把握了。

投其所好為友誼創造契機

不打無準備的仗，不論官場、商場或是人生戰場，多瞭解一些對方的喜好，人與人之間往往會因為這些瞭解而接近，因為彼此瞭解而產生了美好的友誼。

哈密頓剛當上英國駐義大利外交官時，由於外交上的需要，須結識當時義大利大主教努基奧。

哈密頓從前任外交官那裡瞭解，努基奧不愛交際，很難與他接近，其他英國外交官們雖然做過各種努力，均告失敗。

哈密頓經過細心觀察，發現大主教是個很講究吃的美食家，對各種菜餚很有研究，能準確地評價各種菜餚。於是，哈密頓就專心研究起義大利的烹調藝術，並結合英國的烹調工藝，掌握了一手能將義大利和英國烹調相結合的特殊本領，然後他請大主教品嘗。

努基奧從未吃過這樣新穎別致的飯菜，讚不絕口。

哈密頓趁機說：「我們兩國的友誼就像這烹調藝術一樣，緊密結合，一定會產生豐碩的結果。」

不久以後，哈密頓得到了努基奧的信任，兩人成爲非常要好的朋友。

不打無準備的仗，不論官場、商場或是人生的其他戰場，都是如此，多瞭解一些對方的喜好，人與人之間往往會因爲這些瞭解而更加接近，因爲彼此瞭解而產生了美好的友誼。

「投其所好」不完全是貶義詞，有時對方也是很受用的。

投其所好化敵為友

適時、適度對敵人釋出善意，不僅可以避免許多不必要的麻煩與正面衝突，有時還能獲得意想不到的助力。

富蘭克林在費城當印刷廠老闆的時候，曾被選爲賓夕法尼亞州的州務卿。正當他暗自歡喜之際，不料卻有位議員當衆演說，發表不滿他的言論，使他的名譽和自尊心受到很大傷害。

富蘭克林對於這個勁敵的意外出現，著實吃驚不小。他知道這個議員在賓州的影響力很大，一言一行都有很多人響應。這對富蘭克林以後的政治生涯來說，無疑是嚴重的障礙。

富蘭克林經多方瞭解，得知反對他的議員是古籍愛好者，在家裡藏有多種非常珍貴的古書，並引以爲榮。

於是，富蘭克林就誠懇地向那個勁敵請求讓他鑑賞一下這些珍本書。議員爲了顯示自己是寬宏大度的人，馬上就把書借給了富蘭克林。

一星期以後，富蘭克林歸還借書，並寫了封感謝信。他在信中對古書的珍貴做了充分的肯定，還提出自己對古書的看法，並對議員擁有這些書表示祝賀。

過了幾天，在議會裡見面的時候，那個議員完全改變了對富蘭克的態度，最後竟成了富蘭克林的知交，幫助他渡過了許多難關。

與人爲善，尤其是適時、適度對敵人釋出善意，不僅可以避免許多不必要的麻煩與正面衝突，更有可能化敵爲友，化弊爲利。這時候，滿足和維護對方的自尊，就顯得至關重要。

滿足對方的自尊，是最好的待人接物方法，既可以避免正面衝突，有時還能獲得意想不到的助力。

郤至善察擊敗楚軍

楚軍見楚共王負傷，軍心浮動，陣勢大亂，紛紛後撤。郤至對敵兵瞭若指掌，以少勝多戰勝敵兵，實為「知彼知己，百戰不殆」的成功案例。

西元前五七五年四月，晉厲公聯合齊、宋、魯、衛四國攻打鄭國。楚國是鄭國的盟友，立即出兵支援，雙方的軍隊在鄢陵（今河南鄢陵西北）相遇。

當時，楚鄭聯軍共有兵車五三〇乘，將士九．三萬人；晉軍先到達鄢陵，有兵車五百乘，將士五萬餘人，而宋、齊、魯、衛的軍隊還沒有到達。楚共王見諸侯各軍未到，就想乘機擊潰晉軍，命令大軍在晉軍大營附近列陣。

晉厲公率衆將登上高地觀察楚軍列陣情況，並研究決戰計劃。晉將大多懼於楚鄭聯軍的兵力優勢，主張堅守不戰，等待友軍來到。

晉軍中軍主將欒書仔細觀察敵陣後，發現楚鄭軍士氣不佳，認爲幾天之後，楚鄭聯軍必然疲乏，因此也主張等待友軍來到後再出戰。唯有新軍副將郤至觀察了敵陣之後，發表了主戰的意見。

郤至說：「根據我的觀察和掌握的情報來看，楚鄭聯軍有六個致命的弱點，立即出擊，定能獲勝。第一，楚軍人數不少，但老兵多，這些老兵行動遲緩，根本沒有什麼戰鬥力。第二，鄭國的軍隊一團糟，到現在還沒有列成像樣的陣式，這說明他們缺乏訓練，不堪一擊。第三，楚、鄭兩軍都喧鬧不止，沒有一點臨戰的緊張氣氛。第四，據我所知，不但楚鄭兩軍協調不好，就是楚軍內部，中軍和左軍也在鬧意見……」

郤至說得有理有據，晉厲公和眾將都贊同他的建議，準備立即發起進攻。

將軍苗賁皇原是楚國人，對楚軍很熟悉，乘機獻計道：「楚軍的精銳會在中軍，只要能打敗他的左、右兩軍，再合力攻打中軍，楚軍必敗。」

晉厲公接受了苗賁皇的建議，命令晉軍首先向楚右軍和鄭軍發起猛烈攻擊。戰鬥開始後，晉厲公的戰車忽然陷入泥沼中，進退不得，楚共王遠遠地看在眼裡，親自率領一支人馬殺奔而來，企圖活捉晉厲公。

不料，「螳螂捕蟬，黃雀在後」，晉將魏錡早已發現楚共王的企圖，一箭射去，正中楚共王的左眼。

楚共王忍痛拔箭，連眼珠都帶了出來。楚軍見楚共王負傷，軍心浮動。這時候，晉厲公的戰車從泥沼中掙脫出來，指揮晉軍掩殺過去。楚軍以爲諸侯四國的軍隊已經趕到，陣勢大亂，紛紛後撤，一直退到潁水（今河南許昌西南）南岸方才停止，當天晚上就班師回國了。

晉軍以少勝多，論功行賞，郤至立下首功。晉厲公獎賞衆將士後，在鄢陵連飲三天，而後凱旋而歸。

郤至對敵兵瞭若指掌，以少勝多戰勝敵兵，實爲「知彼知己，百戰不殆」的成功案例。

知己知彼推銷術

普萊茅斯公司如願以償，把不少的消費者從競爭對手那邊爭取了過來。在商業競爭中，勝敗乃兵家常勢，但若深入調查市場，採用有效的策略，企業將常勝不衰。

在美國早年汽車競爭史中，普萊茅斯汽車製造公司面對的強勁對手是福特汽車公司和雪弗蘭汽車公司。然而，初生之犢不畏虎，普萊茅斯公司並不迷信老品牌是堅不可摧的說法，何況在競爭激烈的市場中，風水本來就是輪流轉的！

那麼，怎樣才能躋身於名牌車的行列呢？爲此，普萊茅斯公司投入了大量的人力、物力，進行了深入的市場調查，走訪消費者，收集到了競爭對手所生產汽車的大量技術參數和有關資訊，經過和自己生產車對比，發現了一條激動人心的資訊：

普萊茅斯公司的汽車，與福特公司和雪弗蘭公司這兩家大公司相比，品質絲毫不遜色，而且定價是三家中最低的！

普萊茅斯公司簡直是興奮極了，既然有如此顯著的優勢，何愁消費者不來買自家產品呢？

問題的關鍵是如何把這個資訊傳遞給消費者呢？畢竟福特公司和雪弗蘭公司已經在市場上享有很高的知名度，在銷售中佔有絕大的優勢。何不引導消費者自己把三家公司的產品比一比，看一看，自行評定呢？

於是，普萊茅斯公司針對自己的汽車眞正價廉物美的特點，推出了新廣告，標題是：「三家全看看！」

在廣告中，普萊茅斯公司指出：「有成千上萬的人直到今天還在期待著去購買一輛新車……購買之前，務必請你貨比三家，看看誰的車舒服，誰的車價格低……」

「三家全看看」！

這個醒目的廣告內容吸引了不少消費者的目光。這則廣告更巧妙的是讓消費者以為物美價廉這個訊息是自己得出的結論，並非製造商吹噓之詞，更易於博取消費者的信任，說服力也更強。

消費者在再三對比後，終於有了不同判斷，普萊茅斯公司也因此在消費者心目中樹立了全新的企業形象。當然，普萊茅斯公司也如願以償，把不少消費者從競爭對手那邊爭取了過來，銷售額猛增。

在商業競爭中，勝敗乃兵家常勢，但若深入調查市場，採用有效的策略，企業將常勝不衰。

阿拉伯服裝打入海灣市場

這家服裝公司從進入波灣市場，到佔領市場，從市場經營的角度，選擇合理的銷售管道、確定可靠的代理商，無疑是重要的決策之一。

阿拉伯服裝，一般包括阿拉伯大袍以及配套的短褲、長褲和西裝上衣。阿拉伯大袍是阿拉伯服裝中的主要商品，不僅波灣地區阿拉伯人民日常穿用，也是參加各種社交活動的禮服。

一九六〇年以後，由於石油大幅度提價，世界上人均收入最多的三個國家，科威特、阿聯酋和卡達都在波灣地區，使阿拉伯大袍的地位也相應提高。它不僅代表著一種民族服裝，而且成為人民心目中財富、高收入的標誌。

阿拉伯人都以身著大袍自豪，波灣地區的阿拉伯人，幾乎一年四季都穿這種服飾，銷售量十分可觀。正因爲如此，成爲某家國際出口服裝公司的重要目標市場。目標市場確定以後，成敗的關鍵就在於銷售管道的選擇。

這家服裝公司對於銷售管道的決策是選擇可靠的代理商。

波灣地區，一般指科威特、沙烏地阿拉伯、巴林、阿聯酋、卡達和阿曼等六個國家。這六個國家雖然都是獨立的國家，但在政治、經濟、文化等方面存有許多共同點，所以人們常把這一地區看作一個整體市場——波灣市場。

由於波灣地區的各個國家在政治、法律上都實行君主立憲制，並帶有濃厚的宗教色彩，這個地區的國家在社會文化和風俗習慣上存在明顯的一致性。經濟上，它們都是以石油爲主的單一經濟，工業生產不發達，人民的吃、穿、用幾乎全靠進口。人均收入高，購買力強，商業發達。宗教上，它們都信奉伊斯蘭教，古蘭經是人們行動的準則，因而存在一致的道德觀和價值觀。連服裝也基本相同，阿拉伯大袍是男子的標準服裝。

波灣市場上述特點決定了對阿拉伯服裝的需求潛力很大，但競爭也相當激烈。

在這種情況下，這家服裝要打入波灣市場並取得較大的市場佔有率，關鍵在於找到一家有能力的公司作爲波灣地區的總代理。在這個決策指導下，這家公司與科威特阿爾珠碼公司簽訂了代理銷售阿拉伯服裝的協定。

阿爾珠碼公司實力雄厚，經營能力強，客戶關係廣，商業信譽好，在這些良好的條件下，雙方友好合作，密切配合，多次擊敗國際競爭者的進攻，牢牢佔領了波灣市場。

這家服裝公司的阿拉伯服裝從進入波灣市場，到佔領市場、鞏固市場，固然是多種因素綜合發揮作用的結果，但從市場經營的角度，選擇合理的銷售管道、確定可靠的代理商，無疑是重要的決策之一。

青島啤酒另闢蹊徑打入美國市場

莫納克公司實施這一整套推銷策略，奠定了青島啤酒在美國市場的地位，知彼知己是莫納克公司行銷策略的前提。

青島啤酒是中國優質名牌產品，以醇香美味稱雄於中國啤酒市場，而且還在號稱世界啤酒生產和銷量第一的美國佔有一席之地。

青島啤酒是怎樣打入美國市場的呢？

青島啤酒開始向美國市場進軍時，由美籍華人代理商經銷，由於經銷策略不佳，在美國長達十五年沒有打開局面。

青島啤酒廠決定另闢蹊徑，尋找一個精明可靠的代理商，後來選中美國莫納克進出口公司作為美國的總代理。莫納克進出口公司成立於一九三四年，是生產葡萄酒的世家，代理青島啤酒後，開始採用一整套獨特的經銷方式。

首先是健全啤酒市場的三層制度，形成一個龐大的經銷網路。這三層是供應商—批發商—零售商。莫納克公司的製造商就是青島啤酒廠，它還擁有在美國五十個州設置的四百多個批發商網點，而每個批發商都有自己的零售網點，從而建成了完整的市場銷售系統。

其次是強化產品品質。

莫納克公司深知品質是產品進入市場的通行證，青島啤酒要想在美國市場立足，必須有優良的品質。為此，公司及時向青島啤酒廠提供最新科技動態，年年選派高級啤酒技師到青島啤酒廠協助解決生產中遇到的技術問題，對於品質嚴格把關。在銷售過程中，該公司要求批發商每週都要到所屬的零售店檢查一次，發現超過五個月沒有售出的啤酒一律倒掉，以確保所售啤酒的新鮮。

三是建立一支精明強幹的銷售隊伍和一套完整的推銷員管理制度。莫納克總部設在紐約，在十六個地區設辦公室，還有二十多個分部，隨時負責向上彙報，向下與四百多個批發商網點聯繫，多方瞭解推銷啤酒的情況。

四是利用各種媒介，展開廣告攻勢，大力宣傳青島啤酒，使青島啤酒傳遍了美國大地，名聲逐漸大振。

五是加強資訊傳遞工作，每三個月就把產品品質銷售情況、用戶需求情況電傳給青島啤酒廠，同時還回饋世界啤酒的發展趨勢，使青島啤酒廠保持原有風味的同時，及時開發出適合市場需求的產品，鞏固自己的市場。

莫納克公司實施這一整套推銷策略，經過一年多努力，奠定了青島啤酒在美國市場的地位，銷售市場遍及美國各大州，各酒店、商場隨處可見青島啤酒。隨著青島啤酒品質不斷提高，莫納克公司推銷手段不斷翻新，青島啤酒已晉身成爲亞洲在美國最暢銷的啤酒。

知彼知己是莫納克公司行銷策略的前提，如果不知己也不知彼，莫納克公司又如何能找到相應的策略呢？

三井巧妙戰勝三菱

益田壽這一決策的高明之處在哪裡呢？除了透徹地分析自己和對手的情況外，關鍵之處在於他在明智的決策後再加一個五千日元的保險係數。

益田壽是日本明治時期三井財團的總經理，也是三井財團的最高領導人之一。他精通生財之道，在他領導之下，三井財團扶搖直上，實力大增，成爲日本大企業之一。

一八八八年，日本政府要把所有的煤礦拍賣給民間企業，方法是記名投標競爭。三井財團要想成爲日本大財團之一，就必須有原材料作爲基礎，然而煤礦對各個財團來說都具有重要的意義，競爭相當激烈。

三井的主要競爭對手是三菱財團，三菱無論財力和實力，都與三井旗鼓相當，而且也有強大的智囊團。三井想在這次競爭中獲勝，就必須制定出一項無懈可擊的決策。

要想得到煤礦，關鍵是投標價格，投標價格最低限價爲四百萬日元。對三井來說，必須考量幾個難題，一是三井在資金比三菱稍差一截；二是如用過高價格買下煤礦，三井會蒙受較大損失；三是如果低於三菱的價格，買煤礦就會成爲泡影。總之，三井遇到的困難比三菱多。

益田壽在做出決策之前分析考慮了如下問題：投標價格一般可分爲漲後的價格、中等價格、下跌價格三種形式，該怎樣制定購買煤礦價格，把報價定在哪裡？爲此，益田壽頗爲躊躇。

下跌的價格不能用，因爲現在正是煤礦看漲的時候；中等價格也不能用，因爲競爭對手是實力雄厚的三菱集團。看來，只能在漲後價格上做文章。

益田壽分析，三菱集團也會在漲後價格上動腦筋，但考慮到三井所面臨的困境，不會把價格抬得過高，價格抬得過高，三菱就會吃虧，以上漲價格加上五十萬日元可能是三菱的最高限價了。那麼，在此基礎上再加五萬日元也許就能取勝，因爲誰也不會在零頭上動心思。

爲了保險起見，三井投標價格定爲四五五．五萬日元。

投標最後結果很快公佈了，三菱的投標價格是四五五．二五萬日元，僅僅二千五百日元之差，讓三井集團取得了勝利。這次勝利關係到以後的四十年裡，三井集團在煤礦開發上獲得了十億日元以上的收入，三億日元以上的純利潤。

益田壽這一決策的高明之處在哪裡呢？除了透徹地分析自己和對手的情況外，關鍵之處在於他在明智的決策後再加一個五千日元的保險係數。

知己知彼攻戰定策

無論從天時、地利、人和，還是己方、彼方，秦始皇無疑都佔上風，只待做出正確的決策和戰術，便能順利取勝。

秦始皇奮六世之餘烈，經過苦心經營，已經完全具備了統一天下的條件，占盡天時、地利、人和，發動統一戰爭只是遲早的事情。

具體說來，在天時方面，「合久必分，分久必合」是歷史的規律。經過春秋戰國的長期分裂、諸侯爭雄，最後剩下戰國七雄，即秦、齊、楚、燕、趙、魏、韓，而秦國經過幾代改革圖強，具備了強大的實力，是七雄中最強的國家，統一的優勢便落到秦國的肩上。加上其他各國由於國內不穩定，腐朽勢力占主導，日漸衰弱，沒有力量與秦國相抗衡，即使合縱也各懷鬼胎，最後被連橫拆散。七國之中，只有秦國能擔起統一的角色。

另一方面，由於長期分裂，戰亂頻繁，民不聊生，人民渴望和平和安寧，而在此時，只有用戰爭手段統一才能帶來安定的局面，因而秦國的統一順應了歷史潮流，也順應了民心民意，也必然會得人民的支持。

就天時而言，有利於秦統一。

地利方面，秦國地處關中平原，涇水、渭水交匯之處，氣候適宜，土壤肥沃，適合作物生長，而且佔據西戎和巴蜀之地，還有都江堰、鄭國渠等優良的水利工程，形成了秦國「地形便，山川利」的有利條件。到秦王政親政之時，秦國經過歷代攻伐，已佔有了關中、陝西、四川全部，並蠶食了魏、韓、燕、趙、楚的大片領土，基本上打通了通往山東六國的戰略要道。

更重要的是，秦國具備了人和。秦王政親政以後，果斷地處理掉呂氏和嫪氏兩大政治集團，贏得了國內穩定和人心向上的局面，深受諸臣百姓的愛戴擁護。此外，秦王政的英明開放政策，也讓六國才俊奔湧投來。正是憑藉這些賢臣謀士們，秦始皇才能順利地攻打六國。

經濟上，秦王政推行商鞅變法以來的重農抑商政策，農業生產得到穩定發展，人民生活安定，為戰爭提供了可靠的後勤保障。政治上，繼承呂不韋的政策，安撫民心；外交上，實行「遠交近攻」和「連橫破縱」以及和親政策，使得秦國和六國關係若即若離，蓄積更多實力一一擊敗六國。

不難看出，秦國占盡了天時、地利、人和上的優勢。

「知己知彼，百戰不殆」，在統一戰爭打響之前，秦王政及謀士們就已運籌幃幄，徹底掌握了敵我雙方的情況，做出攻戰策略，準備武力統一天下。

無論從天時、地利、人和，還是己方、彼方，秦始皇無疑都佔上風，只待做出正確的決策和戰術，便能順利取勝。

「幽靜」勝「繁華」

老闆是個雷厲風行的人，立即將餐館的外貌精心裝飾得淡雅、古樸；顧客們聽說有一個古樸幽靜的餐館可以進餐，紛紛前來，餐館的生意頓時好轉。

菲律賓有一家地理位置極差，但生意卻極佳的餐館，餐館經營的成功全在於餐館老闆的調查研究。

這家餐館的生意起初並不好，由於地處偏遠，且交通不方便，去餐館用餐的顧客很少。有人建議老闆乾脆關掉餐館，另謀他路。

老闆思索再三，決定看看其他餐館的經營狀況後再說。於是，他扮成顧客，一家餐館、一家餐館地去察訪。最後，他發現，那些地處鬧市區、生意較好的餐館有一個共同點：「現代派」味道十足，喧鬧得不能再喧鬧。

老闆不止一次發現一些不喜歡「熱鬧」的顧客直皺眉頭，匆匆用餐後，匆匆離去。他想起了自己餐館所處的獨特幽靜的地理位置，不由躍躍欲試，「走幽靜高雅路線，會是怎麼樣呢？」

老闆是個雷厲風行的人，立即請來裝修工將餐館的外貌精心裝飾得淡雅、古樸；屋內的裝飾只用白、綠兩種顏色：白色的柱子、白色的桌椅，綠色的牆、綠色的花草。老闆還用莎士比亞時代的酒桶爲顧客盛酒，用從印度買來的「古戰車」爲顧客送菜。

奇蹟出現了，早已被喧囂聲攪得煩不勝煩的顧客們聽說有一個古樸幽靜的餐館可以進餐，紛紛前來，餐館的生意頓時好轉。

權謀經典

11

孫子兵法完全使用手冊：其疾如風

作　　者　左逢源
社　　長　陳維都
藝術總監　黃聖文
編輯總監　王　凌
出 版 者　普天出版社
新北市汐止區康寧街 169 巷 25 號 6 樓
TEL / (02) 26921935 (代表號)
FAX / (02) 26959332
E-mail：popular.press@msa.hinet.net
http://www.popu.com.tw/
郵政劃撥 19091443 陳維都帳戶
總 經 銷　旭昇圖書有限公司
新北市中和區中山路二段 352 號 2F
TEL / (02) 22451480 (代表號)
FAX / (02) 22451479
E-mail：s1686688@ms31.hinet.net
法律顧問　西華律師事務所・黃憲男律師
電腦排版　巨新電腦排版有限公司
印製裝訂　久裕印刷事業有限公司
出 版 日　2019 (民 108) 年 8 月第 1 版
ISBN◉978-986-389-638-8　　條碼 9789863896388

國家圖書館出版品預行編目資料

孫子兵法完全使用手冊：其疾如風／
左逢源著.─第 1 版.─：新北市,普天
民 108.08 面；公分. - (智謀經典；11)
ISBN◉978-986-389-638-8 (平裝)

普天之下·盡是好書

普天出版家族
Popular Press Family

凌雲文創
A Plus Creative Company